Reservados todos los derechos. Ni la totalidad ni parte de este libro pueden retransmitirse o reproducirse por ningún procedimiento electrónico y mecánico, incluidos los de fotocopias, grabación magnética o cualquier método de almacenamiento de información y sistema de recuperación sin permiso escrito de su autor.

ISBN - 978-1-2913-1096-2
Madrid, febrero de 2013
Editorial Lulu

INDICE

- INTRODUCCION 11
    - ¿QUE SIGNIFICA JAD? 11
    - DESCRIPCION SUPERFICIAL DE UN PROYECTO GESTIONADO CON JAD 12
    - LAS VENTAJAS DE JAD 13
        Incremento de productividad 13
            Mejora en la calidad del diseño 13
            Trabajo en equipo 14
            Menores costes de desarrollo y mantenimiento 15
        - LAS BASES DE JAD 16
            La dinámica de grupo 16
            Ayudas visuales 17
            Organización 18
            Documentación al estilo Wysiwyg 18
    - LOS ORIGENES DE JAD 19
    - JAD NO ES SOLO PARA EL DESARROLLO DE SW 19
    - LAS FASES DE JAD: DOS PUNTOS DE VISTA 19
        División en cinco fases 20
        División en dos fases de tres subfases 21
        Nuestra elección 23
    - PROBLEMAS QUE JAD EVITA 24
    - RESUMEN DEL RESTO DEL TRABAJO 25

INDICE

- FASE 1: DEFINICION DEL PROYECTO	27
- SUBFASE 1 - OBTENCION DE INFORMACION	29
- SUBFASE 2 - SELECCION DEL EQUIPO JAD	31
El líder	33
El sponsor ejecutivo	34
El secretario	35
Los usuarios/analistas	36
El observador	36
- SUBFASE 3 - GUIA DE DEFINICION DE GESTION	37
Objetivos	39
Alcance	39
Objetivos de gestión	39
Funciones	39
Limitaciones	40
Requerimiento de los usuarios	40
Predisposiciones iniciales	40
Cuestiones planteadas	40
Lista de participantes	40
- SUBFASE 4 - PLANIFICACION DEL JAD	41
Ordenación de las fases	41
Duración de las fases	41
- EJEMPLOS DE DOCUMENTOS USADOS DURANTE ESTA FASE	42
- FASE 2: LA INVESTIGACION	44
- FAMILIARIZARSE CON EL SISTEMA	45
Reuniones con los usuarios	45
Reunión con el grupo de analistas	46
¿Qué información debe conocer el líder JAD?	47
- DOCUMENTO DEL FLUJO DE TRABAJO (DFT)	49

ÍNDICE

Elementos de un Diagrama de Flujo de Trabajo	48
¿Cómo capturar el Flujo de Trabajo?	53
Documentar un flujo de trabajo ya existente o hacer un nuevo flujo de trabajo	62
- OBTENCION DE ESPECIFICACIONES PRELIMINARES	64
Datos	64
Pantallas	65
Informes	65
- LA AGENDA DE SESION	66
- FASE 3: LA PREPARACION	68
- DOCUMENTO DE TRABAJO	69
Página de título	70
Prefacio	70
Breve introducción al JAD	70
Agenda	72
Suposiciones	74
Requerimientos del usuario detallados	74
Cuestiones pendientes	74
Indice	74
- PREPARACION DEL GUION PARA LA SESION	74
¿Qué poner en el guión?	75
Preparar al secretario	77
- AYUDAS VISUALES	77
Murales	78
Transparencias	78
- PRE-ENCUENTRO A LA SESION	82
- PREPARAR LA SALA DEL ENCUENTRO	84
- FASE 4: LA SESION JAD	88
- ¡POR FIN LA SESION JAD!	88

INDICE

- INTRODUCCION 91
- APERTURA DE LA SESION 92
- REVISION DE LOS REQUERIMIENTOS Y
VISION GENERAL DEL SISTEMA 93
- FLUJO DE TRABAJO 95
    Antes de la sesión 97
    Durante la sesión 98
- DATOS DEL SISTEMA 99
    Antes de la sesión 100
    Durante la sesión 100
- PANTALLAS 101
    Diseño lógico de pantallas 101
        Antes de la sesión 104
        Durante la sesión 105
    Diseño físico de pantallas 107
        Antes de la sesión 108
        Durante la sesión 109
- INFORMES 110
    Antes de la sesión 110
    Durante la sesión 113
- TURNO DE PREGUNTAS 115
    Antes de la sesión 115
    Durante la sesión 115
- FIN DE LA SESION 116

- FASE 5: EL DOCUMENTO FINAL 118
  - LOS OBJETIVOS DEL DOCUMENTO FINAL 119
  - LA ENTRADA DEL DOCUMENTO FINAL 120
  - LA ELABORACION DEL DOCUMENTO FINAL 120
  - ¿QUIEN HACE EL DOCUMENTO FINAL? 125
  - CLARIDAD Y EXACTITUD, ALGO IMPRESCINDIBLE 125

INDICE

- LA REVISION DEL DOCUMENTO FINAL 127
    - Exactitud y claridad 128
    - Puntuales 128
    - Cambios posteriores a la sesión 128
- LA APROBACION DEL SPONSOR 129
- EL PROTOTIPO 129

- HERRAMIENTAS Y TECNICAS 132
    - LA PLANIFICACION 132
    - IMPORTANCIA DE LOS DETALLES 132
    - ¿PUEDE AYUDARLE UTILIZAR HERRAMIENTAS CASE? 133
    - ¿QUE UTILIZAN LAS HERRAMIENTAS CASE PARA AYUDARNOS? 134

- SICOLOGIA JAD 137
    - TENER LA GENTE ADECUADA EN LA HABITACION 137
    - COMO SER FLEXIBLE Y RESTRINGIRSE AL GUION 138
    - ¿CUANDO DEBE INTERRUMPIR EL LIDER? 139
    - ¿CUANDO DEBE EL/LA SECRETARIO/A TOMAR NOTAS 139
    - MANTENER UN MININO ARGOT TECNICO 139
    - COMO MANEJAR LOS CONFLICTOS 140
        - Plantear una pregunta al grupo 141
        - Plantear una cuestión para el turno abierto de preguntas 141
        - Tomar un descanso 141
        - Analizar los conflictos de una forma estructurada 141
        - Llamar al sponsor ejecutivo 141
    - COMO MANEJAR LA INDECISION 142
    - PARANDO LOS PIES A LOS USUARIOS DOMINANTES 143
    - ANIMANDO A LOS USUARIOS TIMIDOS 143

- BIBLIOGRAFIA 144

INDICE

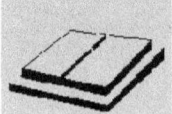

QUE SIGNIFICA J.A.D.

La palabra JAD es un acrónimo que corresponde a los términos (en inglés) Joint Application Development, Desarrollo de Aplicaciones en Conjunto. JAD es una metodología de desarrollo que comprende desde el comienzo de un proyecto hasta el final del diseño externo del sistema, incluyendo, por tanto, el análisis del sistema. El diseño externo cubre la definición de los elementos de datos que van a ser usados, la estructura de la aplicación diseñada, comprendiendo desde los menús hasta el diseño de las pantallas e informes que se utilizarán en el sistema. Hasta ahora, casi nada nuevo. Sin embargo, existe una diferencia cualitativa con otras metodologías: todo este diseño es realizado por los propios usuarios.

Efectivamente, si JAD incluye entre su nombre la expresión 'En Conjunto' no es por una cuestión de imagen. El núcleo de JAD gira en torno a una reunión (posteriormente veremos que, en realidad, son dos; por el momento, hablaremos sólo de la reunión de la fase de diseño) entre una representación del personal de desarrollo de software y otra de los distintos departamentos que harán uso del sistema. Lo primero que puede sugerir un enfoque así es que, o bien se consigue crear un sistema que se ajusta totalmente a las necesidades y gustos de los usuarios, o bien se fracasa en un maremagnum de discusiones, exigencias, explicaciones técnicas y posiciones enfrentadas. JAD proporciona las claves para evitar esto último y conseguir rápida y eficazmente lo primero.

DESCRIPCION SUPERFICIAL DE UN PROYECTO GESTIONADO CON JAD

Cuando una entidad solicita el desarrollo de un sistema a un grupo de desarrollo de software que utiliza JAD, lo primero que se hace es elegir a las personas que formarán parte del equipo JAD, planificar el resto del JAD y crear una guía de definición de gestión, a través de la cual quedan especificados los objetivos generales y los requerimientos del sistema.

Tras esto, se mantiene una serie de entrevistas cortas con los representantes del cliente y con los que serán los encargados de implementar el sistema. Por medio de estas entrevistas se fijan ideas acerca del modo de funcionamiento del sistema, la situación actual de la empresa, las restricciones que puedan existir y las tareas e informes que habrán de producirse en el sistema, además de conocer el punto de vista del grupo de analistas.

Se puede decir que estas entrevistas conforman el análisis del proyecto, aunque conlleven muchas otras tareas, y son realizadas por una persona que asume el papel de "líder" del JAD. Aunque posteriormente se verá en más detalle el perfil de un líder JAD, así como sus funciones y requerimientos, podemos adelantar que representa el nexo de unión entre ambas partes, además de erigirse en la máxima autoridad de la sesión JAD (la sesión es la reunión de la fase de diseño).

Posteriormente, el líder apoyado por el secretario, planifica todos los detalles de la sesión JAD. Desde confirmar la lista de participantes hasta fijar una agenda de trabajo, desde escoger y preparar la sala de reuniones hasta hacer un diseño previo de los menús, pantallas e informes que se discutirán, todo ha de estar cuidado hasta el mínimo detalle para que salga bien. Durante la sesión, numerosas personas van a abandonar sus quehaceres diarios y es muy importante que ese alejamiento dure el menor tiempo posible.

Tras los preparativos, la sesión. Aquí se discuten las propuestas, se

INTRODUCCION

descubren los errores, se aclaran ideas y se obtienen acuerdos. Los tres a diez días durante los que se desarrollará la sesión han de servir para concretar el aspecto final del sistema y las tareas que hará.

Y, como broche final, la edición del documento recopilatorio de los acuerdos alcanzados y las firmas de aprobación. Aquí acaba el trabajo del equipo JAD. El trabajo de implementación está a cargo del equipo de desarrollo de software, que decidirá en temas tales como la base de datos física, el lenguaje utilizado, o el formato de transacciones. Atenderá, además, las peticiones de modificación que le presenten los usuarios (el documento final es sólo un punto en el camino; no es una restricción severa e inamovible a las especificaciones del sistema).

LAS VENTAJAS DE JAD

Todo aquél que desarrolla un producto nuevo clama a los cuatro vientos que el suyo es el mejor. Quienes promocionan JAD no podían ser menos, pero hay que reconocer que las ventajas aportadas por JAD frente a otras metodologías son demasiado evidentes como para resistirse a probarlo al menos una vez. Vamos a ver cuáles son esas ventajas y por qué existen.

INCREMENTO DE PRODUCTIVIDAD

Diferentes estudios han demostrado que el uso de JAD proporciona un incremento de productividad que oscila entre el 20 y el 60 por ciento, en comparación con otras metodologías. El cálculo tiene en cuenta aspectos tales como el tiempo natural empleado (no el tiempo que realmente se gasta trabajando, sino el tiempo transcurrido desde el comienzo del proyecto hasta el final del diseño externo, incluyendo las demoras producidas por esperar a determinados participantes) y las horas/persona necesarias hasta

INTRODUCCION

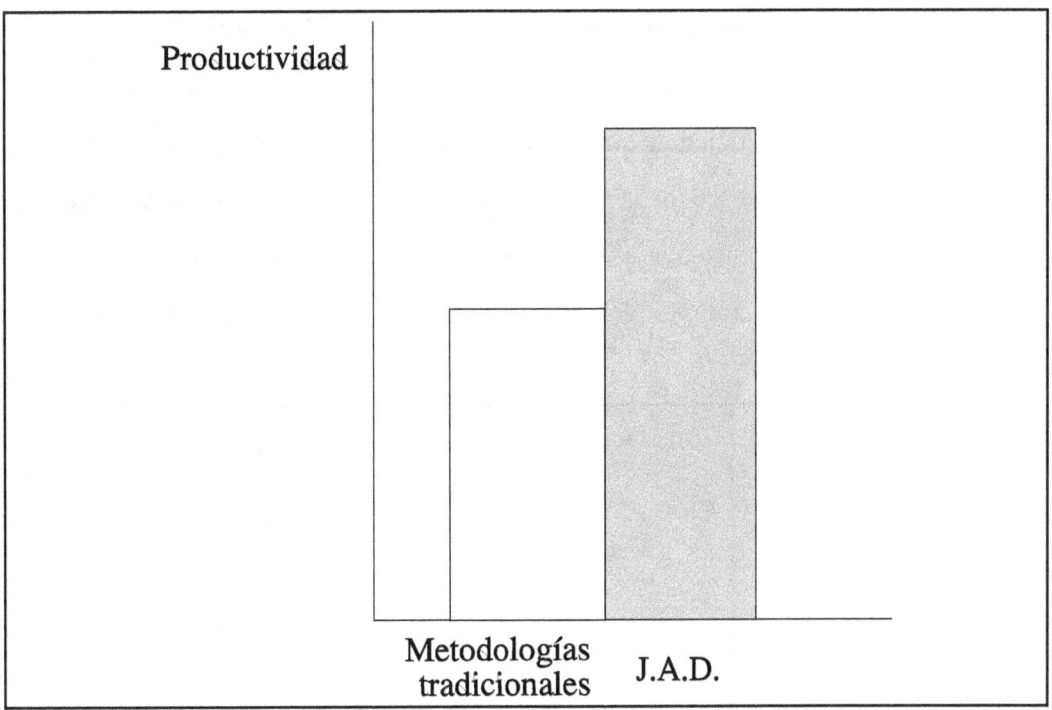

completar los objetivos, requerimientos y diseño externo.

MEJORA EN LA CALIDAD DEL DISEÑO

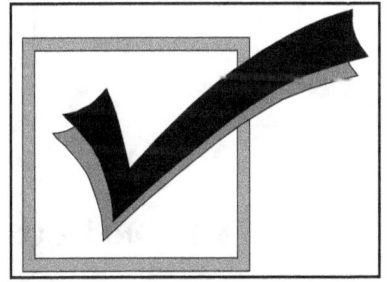

El hecho de mantener conversaciones entre el grupo de analistas y los usuarios permite despejar muchas dudas que, de otra manera, serían resueltas por los primeros, de forma probablemente errónea. Al aumentar la definición y claridad de los conceptos, se disminuyen los errores, obteniendo sistemas mejor adaptados a las necesidades reales.

TRABAJO EN EQUIPO

INTRODUCCION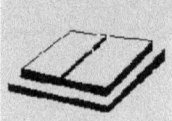

El trabajo en equipo coordinado por un líder, con una planificación perfecta, proporciona poco lugar a las discusiones acaloradas y fomenta la cooperación y el razonamiento entre analistas y usuarios. Así, éstos últimos dejan de ver a los analistas como a un grupo de sujetos que oyen, pero no escuchan, sus necesidades y luego, sin consulta previa, construyen el sistema a su manera. A la vez, ambos grupos se conocen mejor y comprenden las limitaciones a las que cada uno debe someterse para no

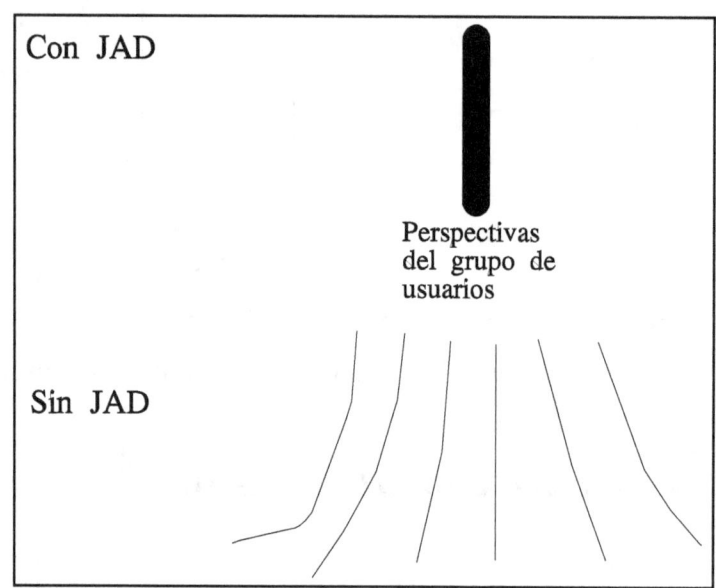

perturbar de forma grave el trabajo de los otros.

MENORES COSTES DE DESARROLLO Y MANTENIMIENTO

Esta es una característica claramente derivada de la segunda, mayor calidad de diseño. Al construirse un sistema bien diseñado, aparecen menos errores en la fase de implantación, de los cuales la mayoría se habrán generada en esa misma fase, disminuyendo radicalmente los costes y tiempo de corrección de esos errores.

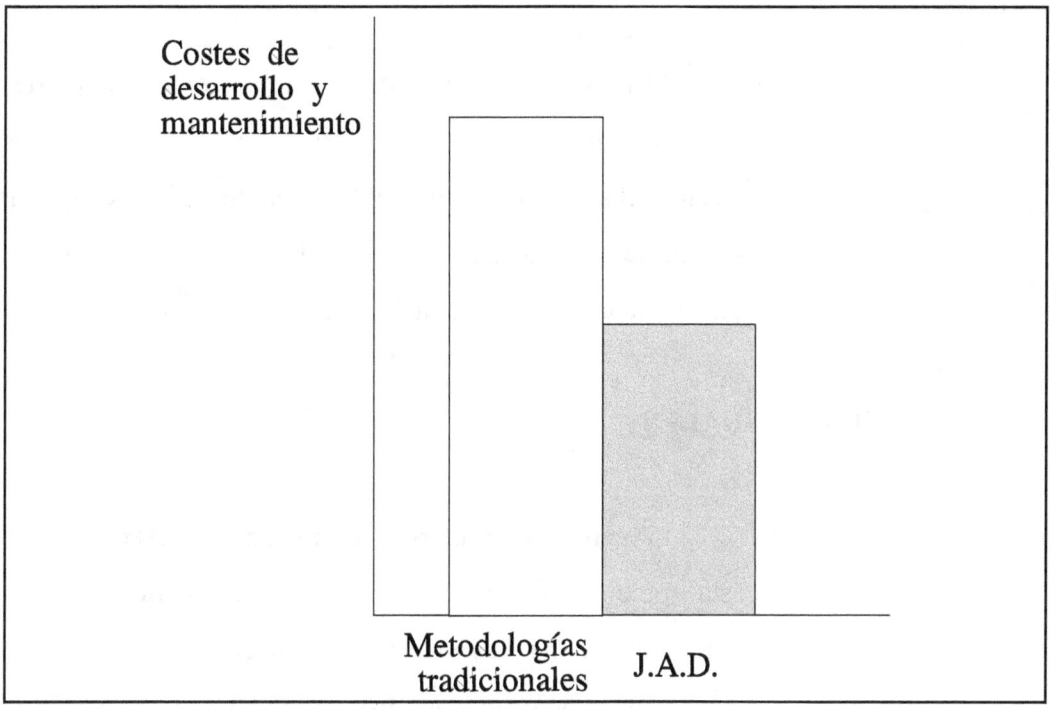

LAS BASES DE JAD

JAD proporciona muchas ventajas sobre otras metodologías como para que no haya un cambio sustancial en la forma de hacer las cosas. Concretamente, hay cuatro puntos que caracterizan a JAD y le otorgan esas ventajas. Esos puntos son:

LA DINAMICA DE GRUPO

Quizá una de las características fundamentales de JAD, la que más tiempo permite ahorrar, la que mejor contribuye a crear buenos diseños, y a través de la cual se consigue el alto grado de satisfacción de los usuarios, sea la dinámica de grupo en que ven envueltos analistas y usuarios. La sesión JAD les hace trabajar juntos, discutir juntos, llegar a acuerdos ventajosos para ambas partes (nada de "no bajarse del burro"), y aclararse mutuamente dudas o ideas poco definidas.

El incluir a los usuarios como parte del equipo de desarrollo del sistema es muy importante, dado que inculca a éstos la sensación de estar creando el sistema ellos mismos (y realmente lo hacen). A la vez, desecha la idea de que los analistas son capaces de aprender toda la dinámica de trabajo de la empresa sin ayuda de los usuarios.

AYUDAS VISUALES

Aunque la característica principal de JAD es la dinámica de grupo, ésta precisa algunos tratamientos especiales. Básicamente, estos tratamientos son las ayudas visuales, una organización adecuada y el uso de una documentación lo más ajustada posible a la filosofía WYSIWYG (What You See Is What You Get, Lo que se ve es lo que se obtiene).

Las ayudas visuales son constantes en una sesión JAD. El uso de transparencias, diagramas de flujo, pizarras, e incluso el diseño de un prototipo para imitar parte del sistema en construcción, son fundamentales para hacer comprender mejor a los usuarios la forma en que trabaja un ordenador, cómo trata los datos, cómo presenta la información en pantalla o impresora, etc.

ORGANIZACION

La idea de llevar a cabo una sesión JAD sin hacer una organización rigurosa puede conducir a un caos total. Cada uno de los participantes sugiere una idea que mejora la anteriormente expuesta, pero que se ve rebatida por algún otro participante. Como consecuencia, el tiempo perdido en llegar a acuerdos acerca del menú inicial puede constituir una jornada completa.

Es necesario, por tanto, organizar y prever minuciosamente tanto las propuestas iniciales que puedan ajustarse al sistema en construcción, como las correcciones y nuevas ideas que puedan plantear los usuarios. De esta forma, se ahorra mucho tiempo al partir de una idea más o menos definida, sobre la que se plantean las modificaciones necesarias.

La organización no consiste solamente en tener listas para la sesión unas cuantas propuestas de pantallas o elementos de datos. También se planifica qué ha de tratarse en cada jornada y cuánto tiempo puede ocupar cada discusión. Dejarse llevar por apasionantes discusiones sobre si el nombre de cliente más largo puede tener 20 ó 22 caracteres no conduce a nada positivo y puede trastocar la agenda fijada.

DOCUMENTACION AL ESTILO WYSIWYG

Como complemento de las ayudas visuales, la documentación que se entrega a los participantes es lo más cercana posible al aspecto que han de tener las pantallas, los informes, las máscaras de los datos, etc. Esto permite, principalmente a los usuarios, asimilar los conceptos e ideas más fácilmente, y al mismo tiempo evita tener que perder tiempo en explicar esos conceptos.

INTRODUCCION

LOS ORIGENES DE JAD

Hasta ahora hemos contado bastantes cosas de JAD, pero ninguna de ellas ha explicado cómo y dónde surgió JAD. Este es un buen momento para hacerlo, cuando ya conocemos algo de esta metodología, pero antes de entrar en mayor detalle.

JAD fue desarrollado por un monstruo de la informática, que curiosamente también se reconoce en el mundo entero por tres iniciales: I.B.M. Chuck Morris, empleado del gigante azul, tuvo en 1977 la idea de organizar reuniones conjuntas entre usuarios y profesionales de la informática para facilitar la tarea de definir los requerimientos y el diseño de sistemas distribuidos, que causaban grandes problemas a la empresa. Tres años más tarde, IBM Canada refinó la metodología JAD y la puso en marcha para desarrollar muchos proyectos con indudable éxito, lo que provocó que la central la implantase en su división profesional norteamericana. En 1984 se lanzó una nueva especificación de JAD, la actual y descrita en este trabajo.

JAD NO ES SOLO PARA EL DESARROLLO DE SOFTWARE

Aunque, como acabamos de comentar, JAD se creó para gestionar el desarrollo de proyectos de software, ha sido utilizado con éxito en otras facetas de la informática, tales como definir los requerimientos de la automatización de oficinas, la mejora y modificación de paquetes de software, y algunas otras aplicaciones.

LAS FASES DE JAD: DOS PUNTOS DE VISTA

INTRODUCCION

Con la pequeña descripción superficial de un desarrollo JAD hecha anteriormente, ya puede suponerse que JAD integra unas cuantas fases bien definidas. A través de la bibliografía consultada hemos podido distinguir entre dos tipos de divisiones en fases. A continuación comentaremos brevemente cada una de las dos y explicaremos luego cuál de las dos va a guiar este trabajo y por qué.

DIVISION EN CINCO FASES

FASE 1: LA DEFINICION DEL PROYECTO

En esta fase, que arranca al recibir la solicitud de construcción del sistema, se llevan a cabo cuatro tareas: obtención de información referente al proyecto, que permita definir los objetivos y restricciones del proyecto en curso; selección del personal que va a formar parte del equipo JAD; creación de la Guía de Definición de Gestión, que contiene información importante sobre el proyecto, y planificación del resto del JAD.

FASE 2: LA INVESTIGACION

Tras la primera toma de contacto, en esta fase se persigue familiarizarse con el sistema, con el fin de, una vez conocido en profundidad, crear el Documento de Flujo de Trabajo, hacer una definición inicial de los datos, pantallas e informes que utilizará el sistema, y crear y componer la Agenda de Sesión.

FASE 3: LA PREPARACION

La primera labor de esta tercera fase es reunir la documentación generada u obtenida en un Documento de Trabajo que se usará en la Sesión,

INTRODUCCION

que incluye el flujo de trabajo, las definiciones de datos propuestas, las pantallas, los informes, etc. Otra tarea a realizar es ultimar todos los detalles para la Sesión JAD. Confirmar la lista de participantes, preparar los materiales que se van a utilizar, organizar la sala de reuniones, buscar un enchufe para el proyector de transparencias... todo ha de quedar dispuesto para que durante la sesión nada falle.

FASE 4: LA SESION

La fase fundamental. Aquí tiene lugar la sesión, el encuentro entre usuarios y analistas, la aclaración de dudas, las preguntas, las respuestas, y los acuerdos. Al cerrar la puerta de la sala tras la última jornada, todo ha de quedar claro para comenzar el diseño interno.

FASE 5: EL DOCUMENTO FINAL

Una vez ha concluida la sesión, un montón de hojas de notas y apuntes en el Documento de Trabajo han de ser convertidos a un formato decente. Ese es el objetivo del Documento Final. Aquí se organiza toda la información, se encuaderna convenientemente, se manda a cada participante para una revisión final y se aprueba la definición del sistema. Un prototipo software de cómo operará el sistema podrá también ser construido aquí.

DIVISION EN DOS FASES DE TRES SUBFASES

En esta división, el JAD queda dividido en dos partes: la planificación y el diseño. A través de la planificación se establece la visión general del sistema, se divide el estudio de éste en partes diferenciadas y se organiza la fase o fases de diseño. La fase de diseño, que puede dividirse en varias, una para cada las partes en que se dividió el sistema, aborda los detalles de diseño externo ya habituales: pantallas, definición de datos, pantallas, informes...

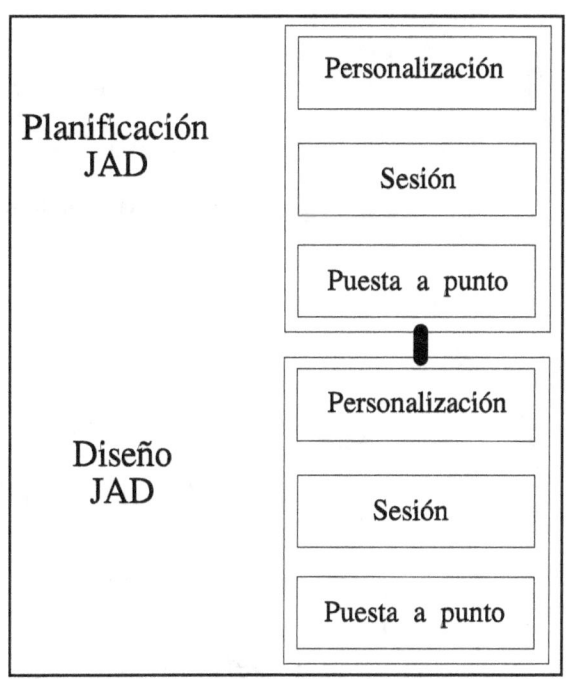

Cada una de estas fases, tanto la de planificación como la (o las) de diseño, se subdividen a su vez en tres fases: personalización, sesión y puesta a punto.

SUBFASE 1: PERSONALIZACION O ADAPTACION

En esta fase se realizan todas las tareas de preparación de la sesión posterior. Su duración es de uno a diez días, y se encarga de ella el líder apoyado por uno o dos secretarios. Esta subfase, cuando se realiza dentro de la fase de planificación, se correspondería con la primera fase de la anterior división, y con la fase tercera cuando forma parte de la fase de diseño.

SUBFASE 2: SESION

Esta es la sesión propiamente dicha. En la fase de planificación, esta subfase formaría parte de la segunda fase de la división en cinco fases; en la de diseño, se correspondería con la cuarta fase.

SUBFASE 3: PUESTA A PUNTO

INTRODUCCION

Aquí se organiza la información y se reúne la documentación disponible. Esta subfase, si forma parte de la fase de planificación, está incluida en las fases dos y tres de la primera división. Por último, constituye la última fase de la división en cinco, si se encuentra englobada en la fase de diseño.

Todo esta mezcolanza de fases y subfases queda algo más clara en la figura I.7, en la que se muestra la equivalencia aproximada entre las fases y

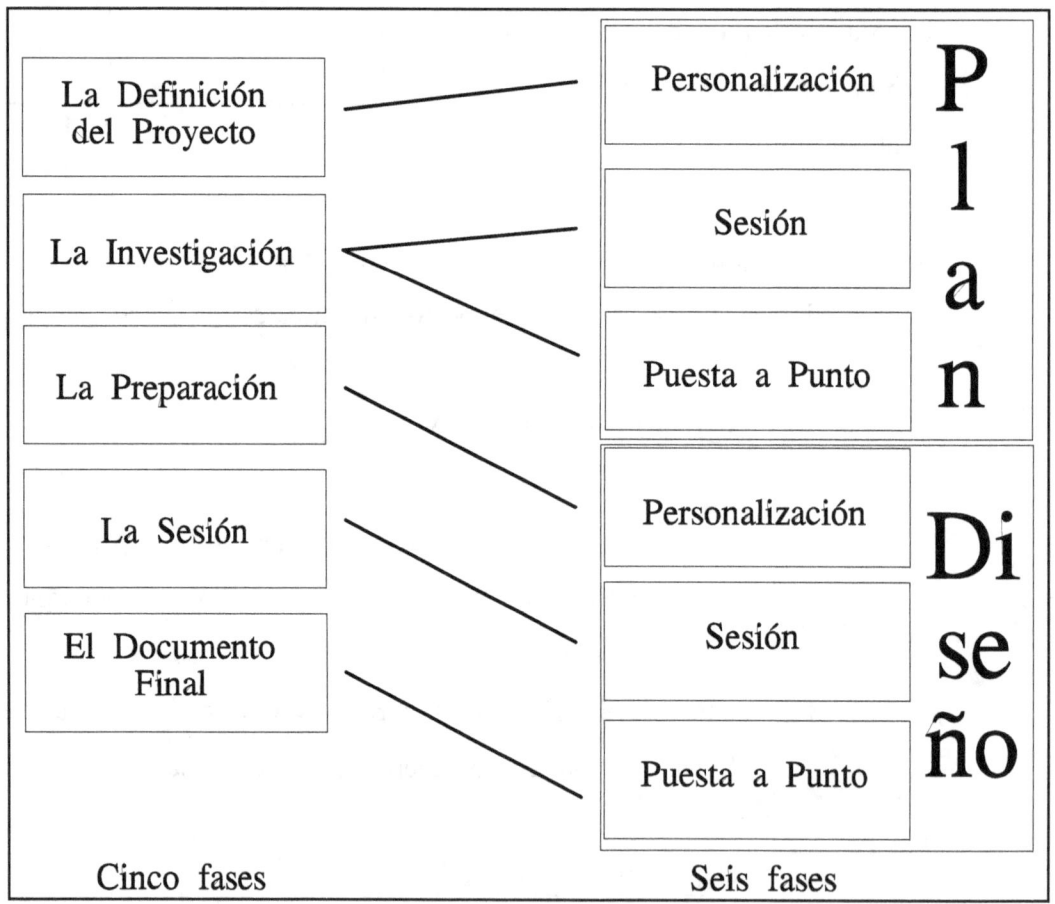

subfases de ambas divisiones.

NUESTRA ELECCION

INTRODUCCION

En lo sucesivo, nuestro trabajo va a guiarse por la división en cinco fases. La razón fundamental que nos ha llevado a decantarnos por esta estructura es que se trata de una división más clara y fácil de entender. Teniendo en cuenta que nuestro objetivo es dar a conocer los conceptos y la filosofía que subyace bajo estas tres letras, nos ha parecido mejor utilizar la división citada.

Por supuesto, esta elección no supone en ningún caso despreciar la división en planificación y diseño; de hecho, la consideramos más apropiada a la hora de abordar grandes proyectos, dada sus facilidades para modularizar la fase de diseño, lo cual es de sumo interés al evitar que la duración de la sesión JAD se dispare, por un lado, y que se retenga a parte de los usuarios innecesariamente oyendo discusiones sobre temas que no les afectan.

PROBLEMAS QUE JAD EVITA

El uso de JAD evita algunos problemas que surgen habitualmente con otras metodologías. A continuación haremos un breve comentario de cada uno de ellos.

- Objetivos diversos: en otras metodologías, al no reunir a todos los usuarios, cada uno aporta su particular punto de vista, que puede (y suele) ser diferente. JAD evita este problema al organizar reuniones con representaciones de todos los usuarios.

- Especificaciones cambiantes: en metodologías en las que los diseñadores tienen la última palabra, puede suceder que éstos comiencen el diseño antes de completar el análisis. Esto puede dar lugar a cambios sobre el diseño ya hecho al analizar nuevas características del sistema, desechando parte del trabajo hecho y retrasando la terminación del proyecto. En JAD, el

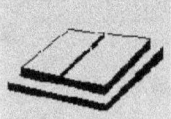

diseño no comienza hasta que el líder, ayudado por el secretario, ha realizado completamente el análisis del sistema.

- Diseño anticuado: los usuarios a los que se les pregunta sobre su trabajo tienden a reflejar las tareas que hacen manualmente, ya que al no conocer en profundidad la informática no son capaces de introducir mejoras plausibles en el sistema informático. En una metodología tradicional, donde las reuniones son escasas y el grupo de analistas no cuenta con la presencia de los usuarios en el momento adecuado, el sistema construido se convierte en una simple automatización del trabajo manual. En JAD, el clima de diálogo da la oportunidad de descubrir mejoras y nuevas funciones que pueden ser fácilmente implementadas en un ordenador.

- Especificaciones desconocidas: en las metodologías tradicionales, donde el contacto entre usuarios y diseñadores es relativamente escaso, es fácil que ciertos detalles más o menos importantes queden en el tintero, produciendo así sistemas que no cumplen con todas las especificaciones deseadas. De nuevo, el diálogo de la sesión JAD permite descubrir esas especificaciones que surgen sólo cuando se dispone del tiempo suficiente.

RESUMEN DEL RESTO DEL TRABAJO

El resto del trabajo se estructura en cinco capítulos, uno para cada una de las cinco fases, más dos anexos; uno de ellos trata sobre las herramientas software que pueden aplicarse al llevar a cabo un desarrollo con JAD, y las técnicas que deben utilizarse para ello, mientras que el segundo aborda cuestiones puntuales sobre la psicología que debe aplicar el líder durante la sesión para llevarla a buen término.

Primera fase:

Definición del proyecto.

La función principal de esta fase consiste en conseguir establecer todos los preceptos necesarios para poder realizar la sesión JAD de forma efectiva, es decir, obtener una información clara sobre las necesidades y objetivos del proyecto en curso, así como las restricciones que pueda plantear la tecnología actual que posea el interesado en él, eliminando cualquier posible duda posterior, ambigüedad en los planteamientos y en general clarificando todos los requisitos que pudieran condicionar el desarrollo e implementación.

También trata otros problemas, como la selección de los participantes. Este punto es muy importante de cara a evitar situaciones como el de participantes que no puedan estar disponibles durante parte del proceso JAD, viendose obligados a incorporarse una vez comenzada la sesión, u obligando a reiniciar parte del JAD.

Otras facetas que podrían considerarse menos importantes han de ser igualmente tenidas en cuenta en esta primera fase, como son: selección del local, tiempo de dedicación diaria (media jornada o tiempo completo), duración de cada fase del JAD, etc.

FASE 1:DEFINICIÓN DEL PROYECTO

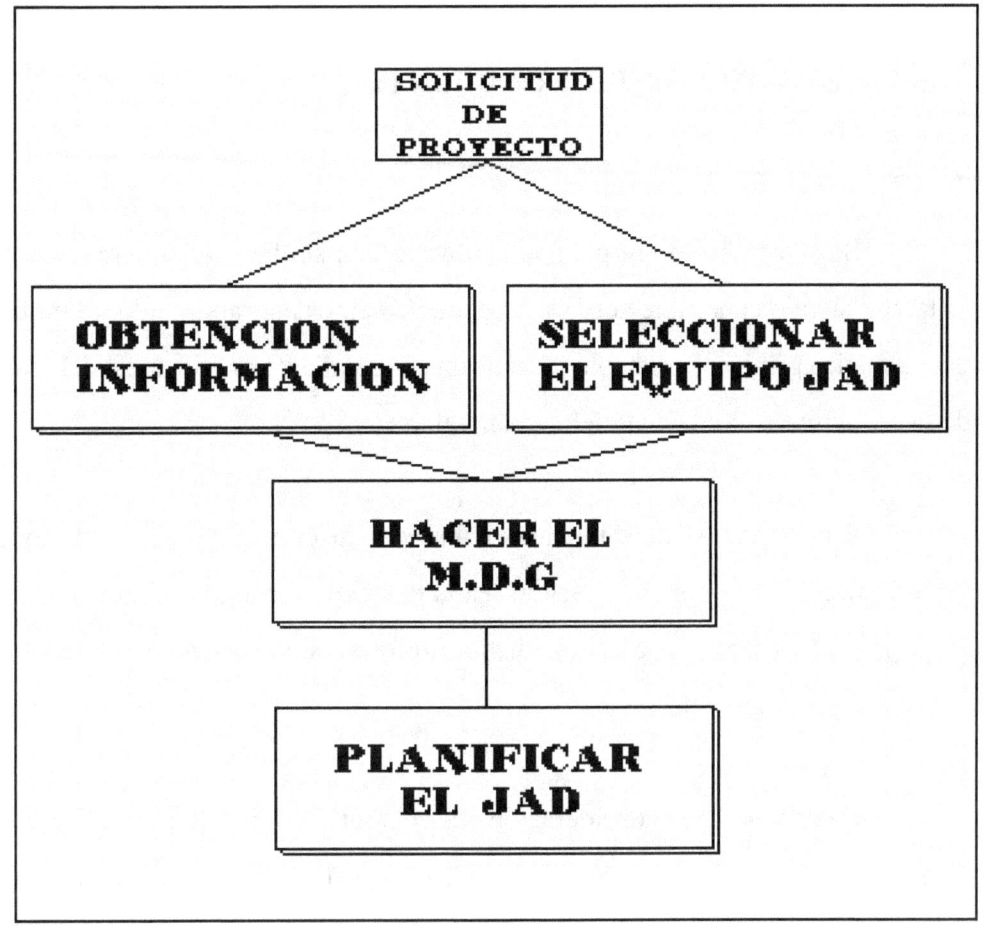

Figura 1.1

Resumiendo podemos decir que esta fase se subdivide a su vez en cuatro subfases (ver figura 1.1) que son:

1-Obtención de información.
2-Selección del equipo JAD.
3-Creación de la Guía de Definición de Gestión.
4-Planificación del JAD.

Es importante reseñar que la nomenclatura de estas subfases no es común a todos los autores. Sin embargo, el reparto de tareas entre ellas es muy similar, si no igual al que se va a adoptar para la confección de este documento.

FASE 1: DEFINICIÓN DEL PROYECTO

SUBFASE 1 - OBTENCIÓN DE INFORMACIÓN

Bajo este título tan genérico subyace una subfase que cubre una amplia gama de tareas, siendo el nombre aquí usado el que creemos más apropiado. El motivo es que la característica principal es la obtención de un conocimiento previo, tanto del proyecto como de la estructura sobre la cual debe desarrollarse.

Esta subfase se debe iniciar con una serie de entrevistas cortas, de donde se obtendrá información muy concreta. Según sea la posición que tenga el entrevistado con respecto al proyecto habrá de obtenerse distinta información, dependiendo de cómo le afecte a él o a su departamento.

Ha de tenerse en consideración que cualquier cambio que se realice siempre tendrá beneficiados y perjudicados. Si se informatiza la gestión de archivos en una empresa los beneficiarios inmediatos serán los usuarios, que podrán obtener su información de una manera mas rápida, pero los perjudicados serán los trabajadores encargados del mismo, que tendrán que aprender una nueva forma de trabajo, so pena del fantasma del despido.

Por lo tanto, durante esta subfase será cuando se podrán realizar algunas concesiones por parte de los implicados, las cuales afectarán al proyecto, pero ayudarán a evitarse obstáculos cuando se realice. Por ejemplo, las partes deberán llegar a algunos compromisos donde cada uno cederá un poco (distintos departamentos pueden querer que se hagan funciones incompatibles entre sí).

Siguiendo con el ejemplo de la empresa, podría llegarse al acuerdo de trasladar algunos empleados a otros departamentos, así como el mantenimiento de copias impresas a modo de seguridad, con lo cual el personal encargado de archivos no se vería tan drásticamente reducido.

FASE 1: DEFINICIÓN DEL PROYECTO

Hasta ahora no hemos hablado de qué información ha de obtenerse acerca del proyecto. Partiendo de la consideración de que el líder del JAD (se explicará más adelante quién es y sus funciones) suele ser alguien ajeno al proyecto, es importante para él conseguir una imagen clara de los objetivos y repercusiones del proyecto, y conocer la estructura de la empresa para poder observar qué departamentos se verán afectados. En este punto se apoyará en las entrevistas que pueda realizar con los interesados, así como otras informaciones que se describen en la figura 1.2.

Objetivos

-) Cuáles son los objetivos que se desean alcanzar?
-) Por qué se desarrolla este sistema?
-) Qué mejoras se desean?

Beneficios

-) Qué beneficios se espera obtener?
-) Son éstos cuantificables?
-) Justifican el coste de la mejora?

Consideraciones

-) Existen limitaciones tecnológicas impuestas para su realización?
-) Hay limitaciones económicas o de tiempo?
-) Hay obligación de usar un software o hardware específico?
-) Existen limitaciones con respecto al personal o a la organización?

Seguridad

-) Cuál es el nivel de seguridad requerido por el sistema?
-) Hay cuestiones de control y auditoría que deban ser considerados?

Estrategia de futuro

-) Podrá el sistema adaptarse a las nuevas innovaciones?
-) Podrá el sistema ser más efectivo?

Figura 1.2

FASE 1:DEFINICIÓN DEL PROYECTO

SUBFASE 2 - SELECCIÓN DEL EQUIPO JAD

Aunque es recomendable establecer un orden cronológico para llevar a cabo las subfases, las dos primeras subfases se pueden ir simultaneando o realizarse conjuntamente. La causa reside en que la primera tarea que se ha de realizar es la elección de quién se va a ocupar de guiar el JAD (líder) y, según se obtenga información del proyecto, se podrá definir el resto de los integrantes que deban estar presentes en la sesión JAD.

FASE 1:DEFINICIÓN DEL PROYECTO

LIDER	ORGANIZADOR BUEN COMUNICADOR MODERAR LIDERAZGO
SECRETARIO	CAPACIDAD DE SINTESIS LETRA LEGIBLE CONOCIMIENTO DEL SISTEMA
SPONSOR EJECUTIVO	CAPACIDAD DE DECISION AUTORIDAD SOBRE LOS DEMAS PARTICIPANTES
USUARIO INFORMATICOS	PERSONAS QUE SE VERAN AFECTADAS POR EL PROYECTO, USANDOLO O GESTIONANDOLO

Figura 1.3

FASE 1: DEFINICIÓN DEL PROYECTO

Es importante reseñar que en el equipo JAD se incluye a todas aquellas personas que se van a encargar de realizar la sesión JAD, su preparación y ejecución, pero que no tienen porqué ser parte interesada en el proyecto: pueden pertenecer a la misma empresa que va a desarrollar el proyecto o ser de una empresa contratada para este caso. En la figura 1.4 se relacionan los distintos participantes de un JAD, junto con sus habilidades requeridas, mientras que en la figura 1.3 se detallan las relaciones que existen entre los distintos integrantes de un JAD.

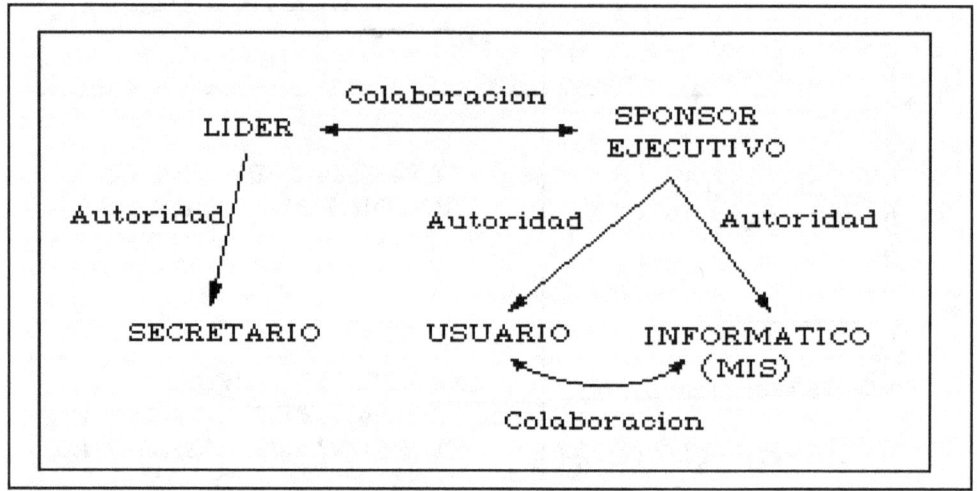

Figura 1.4

LÍDER

Como primera figura tenemos al LÍDER del JAD. La primera característica que debe tener es ser imparcial respecto de todos los posibles participantes e intereses que puedan existir. Su único interés debe ser que el trabajo se concluya de manera eficiente y que el resultado sea satisfactorio para todos los interesados.

No es necesario que sea un diseñador ni analista, ni un jefe de proyectos; él solo debe encargarse de guiar la sesión, de moderarla. Además de todas las mencionadas, un líder también debe poseer estas características:

- Ser un buen organizador.

FASE 1: DEFINICIÓN DEL PROYECTO

- Comunicar bien con la gente.
- Moderar y guiar las discusiones para evitar disputas improductivas.
- Saber cuándo se deben eludir ciertos pequeños detalles que podrían quitar tiempo de cuestiones más importantes.
- Ser consciente de la política de la compañía y de los grupos de ésta.

Funciones

El es el encargado de llevar a cabo las entrevistas previas con aquellas personas que puedan ser importantes para el proyecto. Posteriormente, durante la sesión, él se encarga de procurar que la agenda se cumpla. También debe encargarse de supervisar al secretario, moderar, liderar, evitar discusiones inútiles, etc.

Una vez terminada la sesión se debe encargar de la correcta confección del documento final así como de su distribución. Las funciones del líder se resumen en la figura 1.5.

SPONSOR EJECUTIVO

Es un representante de la empresa que quiere realizar el proyecto. Su función principal es resolver los impedimentos que surjan al encontrarse posturas incompatibles, es decir, cuando los intereses de algunos participantes choquen frontalmente.

Para ello debe poseer autoridad suficiente que le capacite para tomar estas decisiones. En las entrevistas previas que realiza el líder, participará en todas aquellas en las que se definan los objetivos, alcance, y otras características importantes del proyecto

FASE 1:DEFINICIÓN DEL PROYECTO

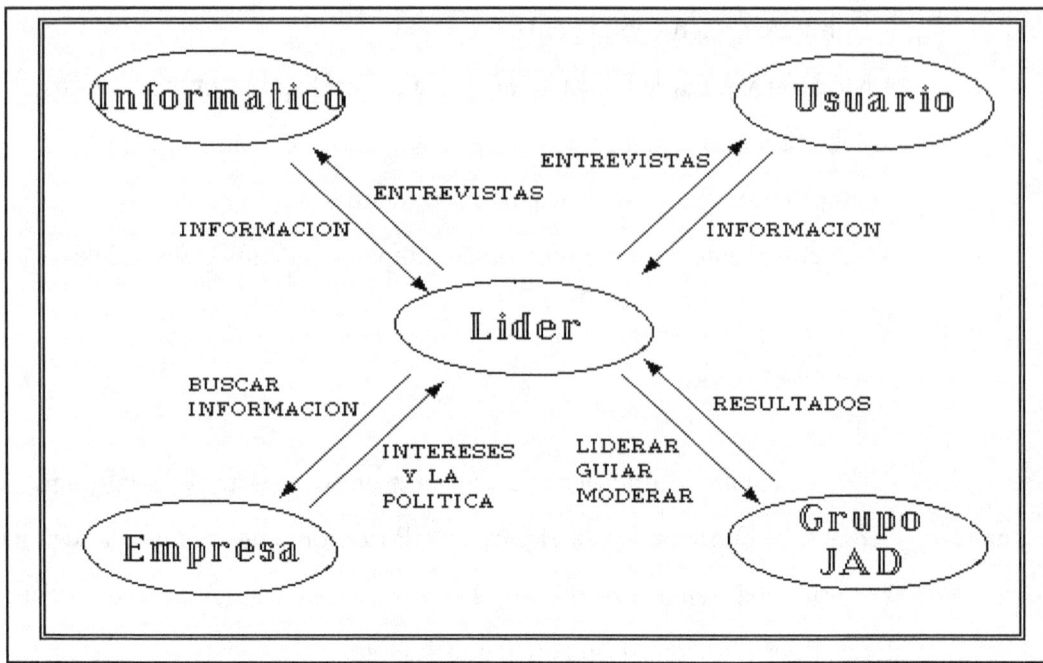

Figura 1.5

Normalmente el sponsor ejecutivo debería estar presente en las sesiones JAD pero como, normalmente, es una persona relevante dentro de la empresa, no suele estar físicamente presente, aunque sí disponible mediante alguna forma de comunicación (teléfono, vídeoconferencia, etc.).

SECRETARIO

Distintos autores difieren a la hora de definir a la persona que debe desempeñar esta función, así como el nombre que recibe. A grosso modo podemos decir que el secretario debe ser una persona con conocimientos informáticos (analista, diseñador, etc.), y poseer un buen conocimiento de la estructura sobre la cual ha de realizarse el proyecto. Esta persona ha de tener también capacidad de síntesis y una buena caligrafía (casi todas sus anotaciones serán a mano).

) Cuales son estas anotaciones?, es una pregunta que emerge para quien no conoce ya el desarrollo de una sesión JAD. Esencialmente es hacer una formalización escrita de las opiniones que se viertan durante la sesión. Como ejemplo, en la figura 1.6

tenemos la imagen de un documento que usaría el secretario para formalizar las cuestiones que surgiesen durante la sesión JAD.

Fecha de presentacion	Descripcion	Asignacion a	Fecha de resolucion	Descripcion de la resolucion

Figura 1.6

USUARIOS/ANALISTAS

Ambos grupos están formados por personas a quienes el desarrollo del proyecto va a afectar en su labor diaria, aquellos que van a usar o encargarse de la administración del proyecto cuando éste sea una realidad.

Los usuarios formarán una representación de aquellos departamentos que se vean afectados, mientras que los analistas serán personas pertenecientes al departamento ocupado de la administración y mantenimiento.

EL OBSERVADOR

También existe la posibilidad de que estén presentes observadores. Normalmente estos son personas en período de formación, para posteriormente poder ellos

FASE 1: DEFINICIÓN DEL PROYECTO

liderar una sesión JAD, aunque también pueden ser personas pertenecientes a la empresa que inició el proyecto, con vistas a observar cómo se desenvuelven sus participantes dentro de la sesión.

Un tercer tipo de observador estaría compuesto por usuarios o analistas sin derecho a voz y voto. El número de integrantes activos de una sesión JAD no debe superar el número de diez o quince, puesto que para mayores cantidades se hace difícil al líder controlar las discusiones. Por este motivo, puede ser interesante tener a participantes que observen evolucionar el proyecto, y en casos concretos puedan hacer correcciones, sin que entorpezcan de forma continua el desarrollo de la sesión.

SUBFASE 3 - CREACIÓN DE LA GUÍA DE DEFINICIÓN DE GESTIÓN

La Guía de Definición de Gestión es un documento en el cual aparecen todas las características que deba poseer el proyecto, así como toda la información relevante que se haya obtenido en las entrevistas.

En la figura 1.7 aparece un ejmplo de una posible portada con la información mas relevante que ésta debe contener.

La figura 1.8 por su parte contien un ejemplo de índice de los temas que se deben gestionar.

FASE 1:DEFINICIÓN DEL PROYECTO

```
        GUIA DE DEFINICION DE GESTION
              Nombre del proyecto


                                Fecha


                                Nombres

                                de los

   Nombre de la compañia        participantes


   Breve introduccion

   sobre el proyecto
```

Figura 1.7

```
   INDICE DE MATERIAS

       Objetivos..................................... -1

       Alcance....................................... -3

       Objetivos de gestion.......................... -5

       Funciones..................................... -7

       Limitaciones.................................. -9

       Requerimientos de los usuarios................ -11

       Predisposiciones.............................. -13

       Cuestiones planteadas......................... -15

       Participantes de la sesion JAD................ -17
```

Figura 1.8

FASE 1:DEFINICIÓN DEL PROYECTO

OBJETIVOS

En este apartado se describen las causas que motivan la necesidad de hacer el proyecto, así como las características que éste debe tener.

ALCANCE

Aquí se debe describir quién va a usarlo, qué departamentos, qué usuarios, así como todas las áreas que se vayan a ver afectadas.

OBJETIVOS DE GESTIÓN

Se indicarán las mejoras que se esperan obtener con la puesta en marcha del proyecto. Estas mejoras pueden ser de muchos tipos, no sólo de productividad.

FUNCIONES

Las funciones deben describir el comportamiento del proyecto con su entorno e indicar lo que ha de hacer ante situaciones concretas.

Hay que distinguir entre objetivos y funciones; estas últimas indican lo que hace, mientras que los objetivos indican lo que la gestión ganará con estas funciones.

Como ejemplo, al automatizar un archivo los objetivos serían reducir el tiempo de acceso a los datos y conseguir una mayor eficiencia, mientras que las funciones serían guardar éstos en soportes magnéticos.

FASE 1:DEFINICIÓN DEL PROYECTO

LIMITACIONES

Se describen las limitaciones que va a tener el sistema, tanto de índole económica como de tiempo o tecnológicas.

REQUERIMIENTOS DE LOS USUARIOS

Este apartado sirve para identificar las necesidades que puedan existir de personal, hardware, seguridad, etc.

PREDISPOSICIONES INICIALES

Algunas decisiones de gestión pueden surgir de las entrevistas iniciales. Estas decisiones son incluidas aquí, en una lista que crecerá antes y durante la sesión JAD.

CUESTIONES PLANTEADAS

Son problemas que han ido surgiendo antes de la sesión y que en ésta deben ser resueltos.

LISTA DE PARTICIPANTES

Incluirá los nombres y función en la sesión de todos los participantes. En la figura 1.10 (al final del capítulo) aparece una lista de participantes; listas reales podrían incluir más campos para teléfonos, dirección, despacho, área en la que trabaja, etc.

FASE 1: DEFINICIÓN DEL PROYECTO

SUBFASE 4 - PLANIFICACIÓN DEL JAD

A la hora de planificar el JAD hay dos cuestiones esenciales, la ordenación de las fases y la duración de estas. Hay otras cuestiones de menor importancia, aunque necesarias, y que no hay que dejar olvidadas.

ORDENACIÓN DE LAS FASES

Para ordenar las fases existen tres posturas: la primera consiste en realizarlas en orden secuencial, sin empezar ninguna hasta haber completado la que está en curso.

La segunda postura consiste en solapar el desarrollo de las fases, con el fin de minimizar el tiempo utilizado para completar el JAD, de forma que si se puede anticipar el trabajo de una fase posterior éste se realice aunque no se haya concluido la fase actual.

La tercera opción es también solapar las fases, de forma que en un mismo día pueda realizarse trabajo de fases distintas. En esta ocasión el motivo es que, a veces, algunos participantes no se puedan dedicar por tiempo completo al JAD y que la fase en la que participen se quede parada durante medio día. En este caso el resto del día se usa para otra fase.

DURACIÓN DE LAS FASES

Respecto a la duración de las fases es conveniente establecer un tiempo máximo para cada fase, con el fin de evitar que una de estas se quede atascada y su duración sea desproporcionada en relación a la entidad del proyecto.

En cuanto a las cuestiones menores es muy importante la dedicación de las personas, y que éstas estén a tiempo completo. Sólo en caso de imposibilidad se optaría por media jornada.

FASE 1:DEFINICIÓN DEL PROYECTO

También es importante que el lugar donde se realice la sesión esté fuera del lugar de trabajo habitual de los participantes para conseguir eludir las "llamadas inoportunas por causas urgentes".

EJEMPLOS DE DOCUMENTOS USADOS DURANTE ESTA FASE

```
                    Limitaciones Iniciales

Nombre del proyecto
Abreviatura usada para el

   Fase              Estimacion




   Cuestiones
```

FASE 1:DEFINICIÓN DEL PROYECTO

Lista de participantes	
Nombre	**Funcion**
Jacinto Cifuentes	Sponsor ejecutivo
Jose Perez	Lider
Juan Siles	Secretario
Carlos Hernandez	Usuario
Miguel Garcia	Usuario
Francisco Redondo	Informatico (MIS)

Identificacion de diseño

Nombre del proyecto
Abreviatura usada para el

Fase   Fechas   Notas

Procedimientos

FASE 2: LA INVESTIGACIÓN

Segunda fase:

<u>Investigación.</u>

Una vez completada la primera fase ya contamos con la selección de los miembros del equipo JAD, y se ha preparado una Guía de Definición de Gestión. Este trabajo sera necesario para poder cumplir los **objetivos** de esta fase:

- Familiarizar a todos los miembros del grupo con el sistema.
- Investigar y desarrollar un documento del <u>flujo de trabajo</u>.
- Obtener unas primeras especificaciones de los datos, pantallas y otras informaciones relevantes.
- Preparar la agenda de la sesión.

Estos objetivos planteados deben ser tomados como un indice aproximado ya que según que manuales se consulte hay autores que los engloban reduciendo su numero. Aquí hemos elegido separar todos los objetivos para clarificarlo.

FASE 2: LA INVESTIGACIÓN

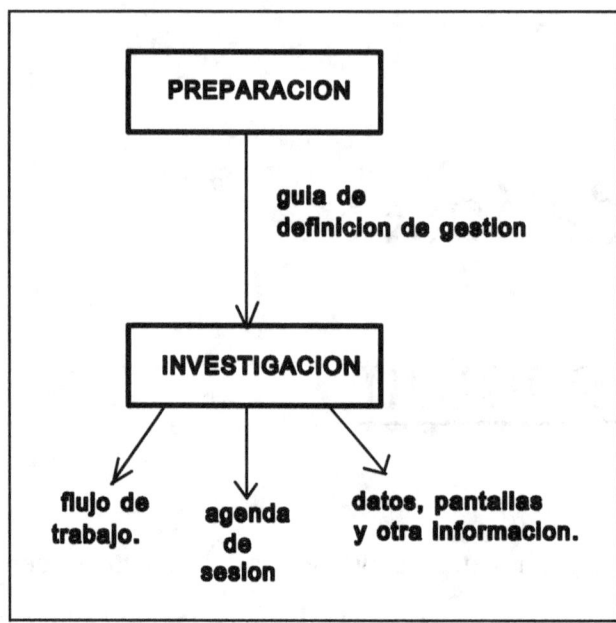

Figura 2.1

FAMILIARIZARSE CON EL SISTEMA

Con la información obtenida en la fase de Definición del Proyecto es posible consguir una imagen de conjunto y por tanto tener de una idea clara de **cuales son los objetivos y qué es lo que se quiere del sistema**, pero probablemente no se tenga claro o quizás no se sepa muy bien **cómo funciona el sistema actual**. Es decir, el OBJETIVO de esta subfase consiste en enterarse exactamente de) **Cómo funciona el sistema actual?**

Para responder a esta pregunta es necesario mantener reuniones con los usuarios y mantener una reunión con el Grupo de Analistas (MIS).

REUNIONES CON LOS USUARIOS

Es necesario reunirse con las personas que trabajan diariamente y directamente con el sistema. La persona ideal sería un supervisor que conozca todas las funciones del sistema. Los puntos a tratar en estas reuniones son:

FASE 2: LA INVESTIGACIÓN

*Observar el entorno de trabajo con un guía que te conduzca por el lugar de trabajo.

*Observar el flujo de trabajo comprendiendo cómo se realizan los trabajos, observar las funciones que se realizan, consultar los usuarios por su rendimiento, si las pantallas de presentación son fáciles de entender, dónde consiguen la información para completar sus tareas, etc. En definitiva:) **Qué ocurre con todos los datos?**

*Revisar la entradas y salidas de información) cuales son los modos de entrada y salida de la información en el sistema? Averiguar los formatos usados, la frecuencia en las inserciones y modificaciones de la información, etc.

<u>Discutir los cambios en el sistema:</u>
aquí preguntaríamos a los usuarios:) Les gusta el sistema actual?) Las pantallas de presentación son fáciles de leer?) Qué problemas hay?) Qué causas provocan los retardos?) Cómo se podría cambiar el sistema para facilitarlo?, etc.

REUNION CON EL GRUPO DE ANALISTAS (MIS)

El objetivo de esta reunión es obtener la información **técnica** de **cómo funciona el sistema.** Por tanto, no habrá que concertar la reunión únicamente con el gestor del proyecto, sino que también nos reuniremos con el analista programador que se "pelee" diariamente con los programas, y con toda la gente que tenga que ver directamente con la implementación del sistema. Los puntos a tratar en esta reunión son los siguientes:

<u>Discutir la vista que tiene el Grupo de Analistas (MIS) del sistema:</u>
revisar los diagramas de flujo. Si no se obtiene suficiente detalle técnico con esto, puede intetar familiarizarse con las descripciones de los

FASE 2: LA INVESTIGACIÓN

programas, ficheros y transacciones diarias. También es conveniente observar el diseño actual de la base de datos.

<u>Discutir el proyecto en general</u>:
informarse de la historia del proyecto, qué cambios piensan que se deberían de hacer, cuáles son las debilidades del sistema, qué piensan de los nuevos requerimientos...

Nota: estos puntos que decimos se han de tratar en las entrevistas, son meramente ilustrativos, y sirven únicamente para orientar al entrevistador sobre las características que debe conocer del sistema. No tendrán que ser forzosamente estos puntos los que se han de tratar en las entrevistas, ni estas preguntas las que se tendrán que hacer (o quizás sí): todo dependerá del sistema que estemos cuestionando.

(((No saldremos de este primer punto hasta tener resueltas todas las dudas que tengamos sobre el sistema que estamos investigando !!!

) QUE INFORMACION DEBE CONOCER EL LIDER JAD?

Cuando ya hemos recogido toda la información anterior, se la presentamos al líder JAD. Entonces el líder debe enfrentarse a esa información, y se hará la pregunta

) Qué es lo que yo debo conocer del sistema?

Un líder muy perfeccionista pretenderá conocerlo todo acerca del sistema a realizar, e intentará conocer todos los detalles de todas las funciones del sistema. Pero esta opción, aunque parezca mentira, no es la mejor. Un líder no debe perderse en detalles sobre el sistema (ahorrará tiempo y energía): **un líder JAD debe mantener una perspectiva del proyecto a un nivel alto.**

FASE 2: LA INVESTIGACIÓN

Un líder JAD no debe estar preparado para resolver un problema a nivel de usuario; sin embargo, sí debe estar capacitado para dirigir una sesión, dónde intercalar ideas, aclarar dudas sobre la coordinación general del proyecto, **en definitiva debe ser capaz de hacer que el uso de JAD funcione con dinamismo.**

FASE 2: LA INVESTIGACIÓN

DOCUMENTO DEL FLUJO DE TRABAJO (DFT)

Existen distintas formas de hacer un DFT: diagramas de flujo, diagramas de flujo de datos (DFD), etc. Nosotros, en JAD, **utilizaremos los DFD**. Esta técnica que viene del mundo del análisis y diseño estructurado, documenta el flujo de información entre actividades de trabajo. Como curiosidad, diremos que la mayoría de métodos para crear DFD han sido creados por Jourdon o por Gane&Sarson. Nosotros utilizaremos una combinación de ambos.

Para crear estos DFD, **utilizaremos una herramienta CASE**, que son herramientas que facilitan mucho este trabajo, y aunque no son totalmente esenciales (se podría hacer el trabajo sin ellas), sí que ayudan mucho a la hora del análisis y revisión de estos diagramas. Además, las herramientas CASE, tienen un diccionario de datos para almacenar información de los elementos de los DFDs. Para más información sobre las herramientas CASE, ver el capítulo seis, Herramientas y Técnicas.

ELEMENTOS DE UN DIAGRAMA DE FLUJO DE DATOS

Para describir lo que son los DFDs, hace falta saber la clase de información que estos representan. **Los DFD contienen cuatro tipos de información**:

- <u>flujos de datos</u>.
- <u>procesos</u>.
- <u>almacenes de datos</u>.
- <u>entidades externas</u>.

- FLUJOS DE DATOS: representa información que se mueve a través del sistema (Ej: facturas, precios, stocks, etc.). Los flujos de datos pueden ser mostrados a cualquier nivel de detalle. Se representan gráficamente como se muestra en la figura 2.2.

- PROCESOS: son la causa por la que los datos cambian, es decir, transforman los datos de entrada en otros de salida. Conceptualmente se entienden como muestra la figura 2.3, y gráficamente se representan como

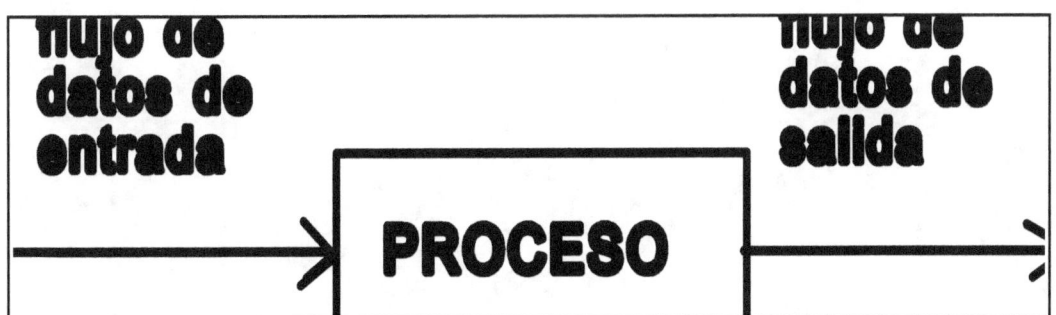

se muestra en la figura 2.4.

FASE 2: LA INVESTIGACIÓN

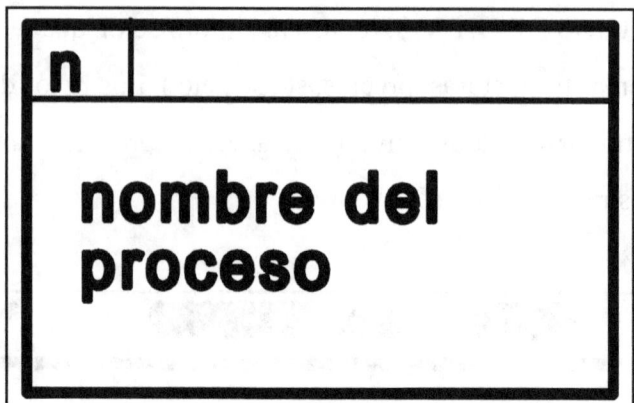

FASE 2: LA INVESTIGACIÓN

Ej: la factura de la luz entra en el proceso PAGAR FACTURAS, y sale un cheque, que es enviado a la compañía eléctrica.

- ALMACENES DE DATOS: elementos de almacenamiento de datos o información. Normalmente suelen ser ficheros o bases de datos, pero también pueden ser recipientes, estanterías, etc. o cualquier cosa que pueda contener información. Se representan gráficamente como muestra la figura 2.6.

```
┌──────────────────────┐
│  nombre del almc.    │
└──────────────────────┘
```

```
┌──────────────────────┐
│  carpeta de cheques  │
└──────────────────────┘
```

FASE 2: LA INVESTIGACIÓN

- ENTIDADES EXTERNAS: cualquier elemento con el que el sistema tenga contacto o interactúe, pero que actualmente no forme parte del sistema. Ejemplos típicos de entidades externas son clientes, bancos, otros sistemas de ordenadores, etc. Su representación gráfica se muestra en la figura 2.8.

Estos son los cuatro tipos de información representados, de la forma que hemos visto, en los DFDs que vamos a utilizar en JAD. La figura 2.9 tiene un ejemplo donde se pueden ver estos cuatro elementos de un DFD.

FASE 2: LA INVESTIGACIÓN

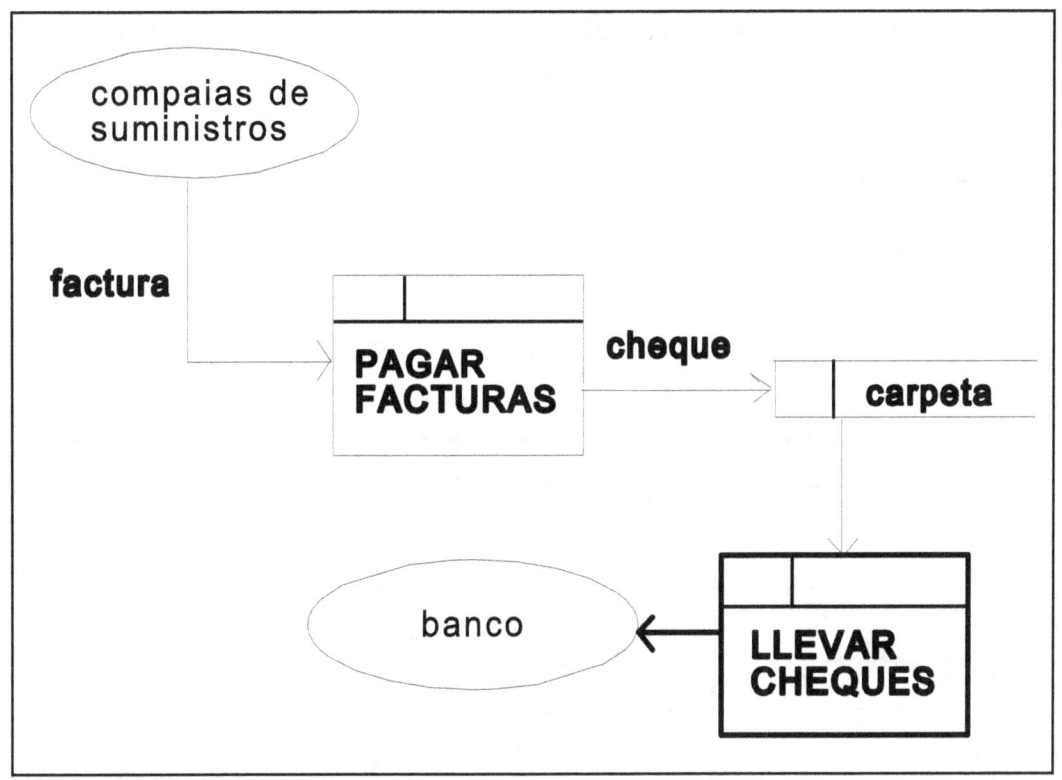

Esta es la base necesaria para hacer un DFD, pero hay un aspecto muy importante que hay que conocer: **un proceso puede ser explorado con más detalle en distintos subniveles de abstracción.** Por ejemplo, en el caso anterior, el proceso PAGAR FACTURAS, podría estar dividido en tres subprocesos, como se muestra en la figura 2.10:

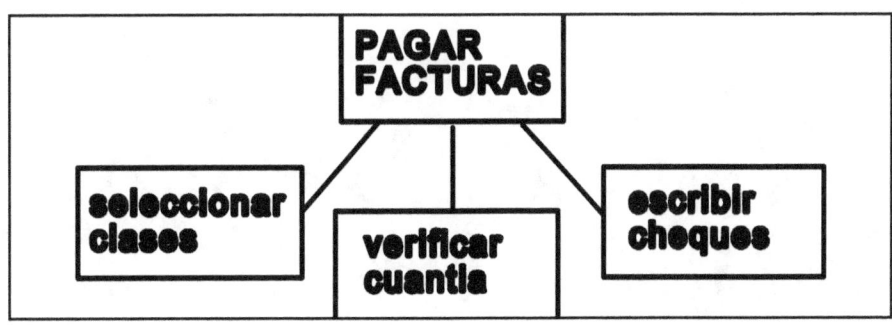

FASE 2: LA INVESTIGACIÓN

Distinguimos al nivel de abstracción al que pertenece cada proceso por su numeración, según se observa en la figura 2.11:

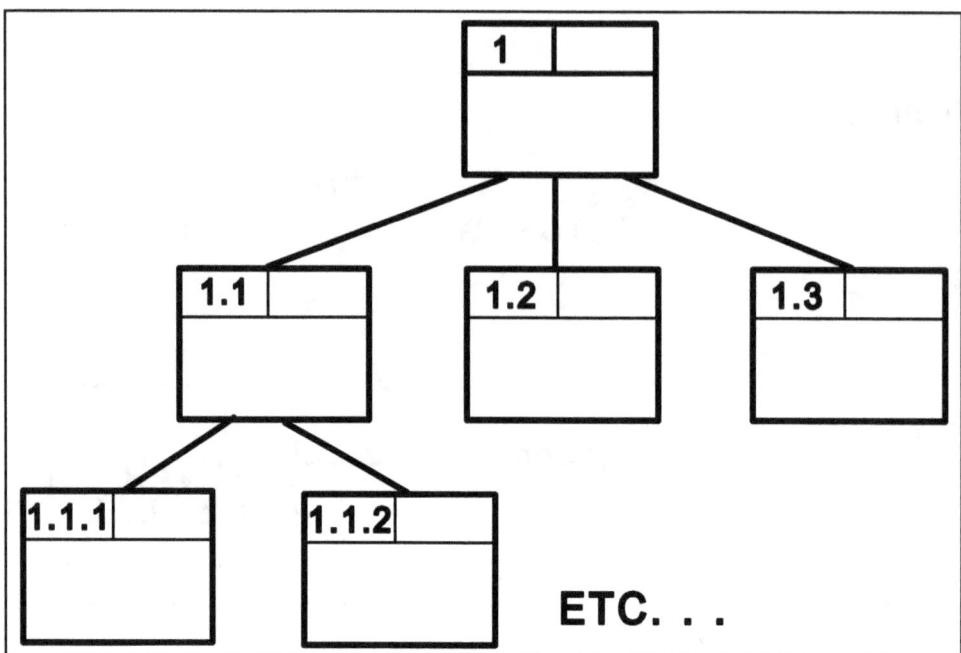

) CÓMO CAPTURAR EL FLUJO DE TRABAJO?

FASE 2: LA INVESTIGACIÓN

Para obtener la información que tienen los usuarios sobre el flujo de trabajo, y plasmarla en el papel, se tendrá que dirigir una serie de pequeñas entrevistas, utilizando transparencias, pizarras, y todo aquello que consideremos necesario para tomar notas. Mostraremos esto con un ejemplo, que nos servirá también para profundizar más en la elaboración de un DFD; Se quiere gestionar las reservas de billetes de un avión.

1.- Identificación del primer nivel del flujo de trabajo.

Concertar una entrevista con dos o tres personas que verdaderamente conozcan el flujo de trabajo (normalmente, un gestor de usuario, o supervisor, o alguna persona del Grupo de Analistas (MIS)):

- se abre la reunión explicándoles cómo va a ser reflejado el flujo de trabajo. Si es con un DFD, como en nuestro caso, se explica lo que es, tal y como se ha hecho anteriormente.

- después tratamos de identificar, el primer nivel del flujo de trabajo, al que llamaremos DIAGRAMA DE CONTEXTO. Este diagrama es el de más alto nivel, y es donde se muestra el objeto del sistema y los flujos de datos que salen y entran a él.

En nuestro ejemplo, el objeto del sistema es la gestión de reservas de billetes para un vuelo; por tanto, el diagrama de contexto se llamará CONTEXTO DEL PROCESO DE RESERVA DE BILLETES. Se escribe este nombre en una pizarra y se marca como un proceso de nivel 0, según muestra la figura 2.12:

FASE 2: LA INVESTIGACIÓN

- Ahora debemos identificar el flujo de datos. Hay que preguntar a los componentes de la reunión) qué entra y qué sale del sistema? E impedir que conteste entrando en detalles. Normalmente los componentes de la reunión hacen caso omiso a las peticiones de dar información general, sin entrar en detalles, y soltarán una retahíla detallada y completa de todos los datos y funciones, algo así como:

"Bueno, nosotros recibimos solicitudes de reservas de billetes por teléfono o de forma directa. En la solicitud le pedimos al cliente su nombre, dirección, DNI, destino, etc. y comprobamos nuestra base de datos para ver si quedan plazas. Nuestra base de datos es de tipo relacional, que ..."

Nosotros, de todo esto, tenemos que ser capaces de sacar el flujo de datos principal que entra y sale del sistema, llegando a un acuerdo con los componentes de la reunión.

En nuestro ejemplo, la información que entra al sistema es la solicitud de reserva de billete/s para un determinado vuelo, y salen la respuesta (afirmativa o negativa) y los billetes de avión solicitados, si el pedido es directo y hay plazas. El contexto del proceso de reserva de billetes es el que se muestra en la figura 2.13. La única entidad externa que existe es el cliente.

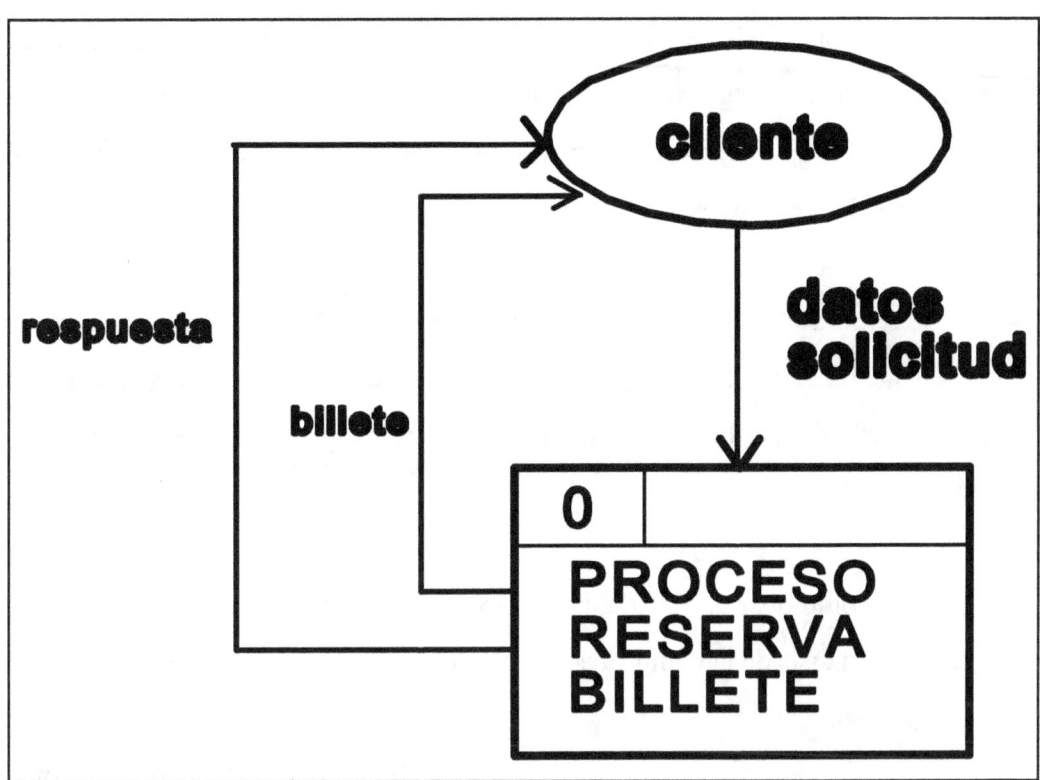

FASE 2: LA INVESTIGACIÓN

2.- Identificar el segundo nivel del flujo de trabajo.

Después de haber dibujado la figura anterior en la pizarra y que todos estén conformes con ella, se anuncia a los presentes que vamos a pasar a estudiar un segundo nivel de profundidad del sistema, es decir, vamos a pasar a estudiar más en profundidad el **proceso de reserva de billetes**.

Ahora se pregunta al grupo) qué subprocesos incluye el proceso de reserva de billetes?) qué funciones son las que se han de hacer dentro de éste? Tras una discusión se llega al acuerdo de que los cuatro subprocesos que incluye el proceso de reserva de billetes son:

- comprobar la base de datos para ver si hay plazas.
- análisis de la comprobación para obtener las plazas libres y responder al cliente.
- si hay plaza se imprime el billete. Si se ha solicitado por teléfono se almacena, para su posterior recogida, y si lo pide de forma directa se le da en el acto (la recogida de billetes almacenados no la vamos a tratar).
- por último, se actualiza la base de datos con las plazas ocupadas.

Este proceso con sus cuatro subprocesos se muestra en la figura 2.14:

FASE 2: LA INVESTIGACIÓN

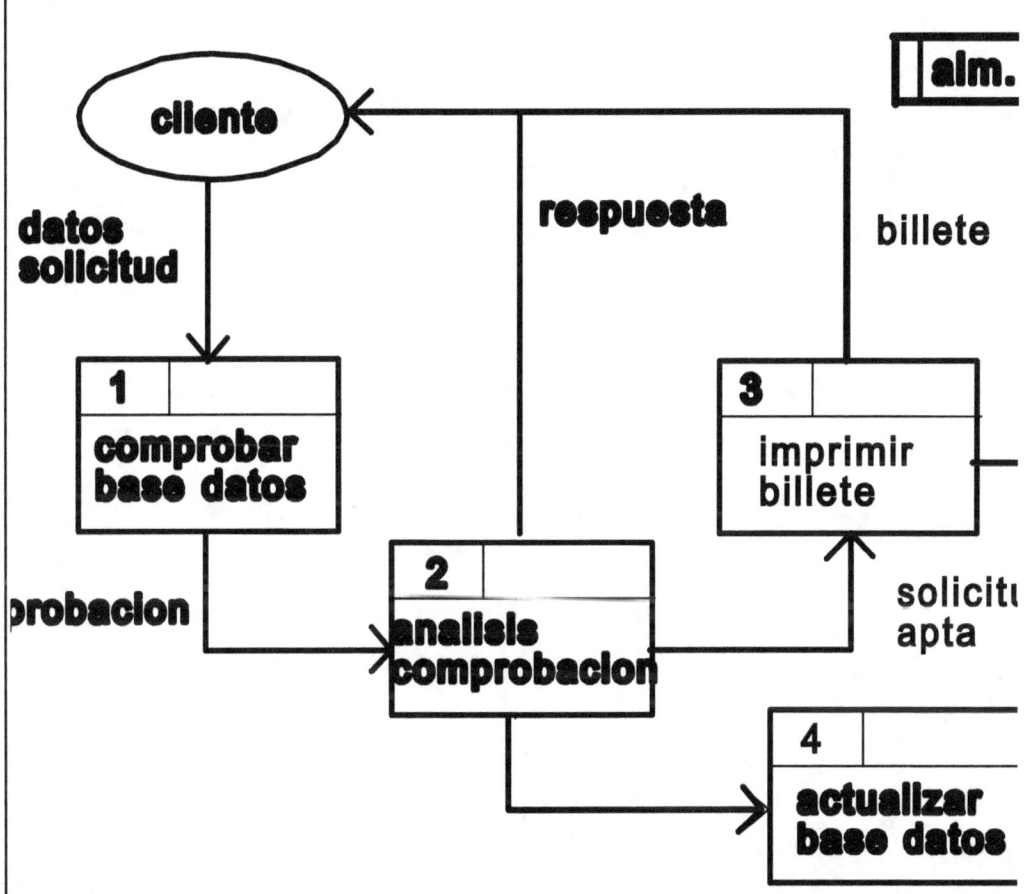

FASE 2: LA INVESTIGACIÓN

FASE 2: LA INVESTIGACIÓN

3.- Identificar los demás niveles de flujo de datos.

El número de niveles de abstracción en los diagramas de flujo de datos depende del sistema y de la necesidad de detallarlo. Al final se consigue una serie de DFDs, mostrando el flujo de datos del sistema. Se podrá comentar este flujo de trabajo como punto de inicio en la sesión JAD.

DOCUMENTAR UN FLUJO DE TRABAJO YA EXISTENTE O HACER UN NUEVO FLUJO DE TRABAJO.

Dependiendo del objetivo del proyecto, se documentará un flujo de trabajo ya existente, o se hará un nuevo flujo de trabajo, o quizás ambas cosas. Estudiaremos cada uno de los casos.

DOCUMENTAR UN FLUJO DE TRABAJO YA EXISTENTE (sólo)

Solamente habrá que documentar un nuevo flujo de trabajo, cuando los cambios que se vayan a producir en el sistema no sean radicales. Hay casos en los que es necesario esperar a la sesión JAD para realizar del todo el DFD que represente el flujo de trabajo, puesto que las decisiones que se tomen en la sesion afectarán mucho al desarrollo de ese DFD. En este caso documentar el flujo de trabajo ya existente en el sistema actual supone más pérdida de tiempo y dinero que documentar un nuevo flujo de trabajo.

DOCUMENTAR UN NUEVO FLUJO DE TRABAJO

La mayoría de los casos en los que se hace un nuevo documento sólo del flujo de trabajo se dan cuando se va a diseñar un nuevo sistema que sustituye a otro. Por ejemplo, una empresa que necesita un nuevo sistema de contabilidad, por obsolencia del suyo.

DOCUMENTAR AMBOS FLUJOS DE TRABAJO, EL NUEVO Y EL EXISTENTE

Cuando ninguna de las dos aplicaciones anteriores es satisfactoria, se pueden documentar ambos flujos de trabajo, empezando por completar el flujo de trabajo ya existente y después hablar con los usuarios para especificar el nuevo flujo de trabajo, dando prioridad a los cambios realizados en el nuevo diseño del sistema.

Con esto especificamos completamente el flujo de trabajo del sistema.

FASE 2: LA INVESTIGACIÓN

OBTENCION DE ESPECIFICACIONES PRELIMINARES

Esta parte de la fase de Investigación pretende obtener información de los requerimientos del sistema. Esto puede incluir cualquier especificación preliminar que será después definida y revisada en la sesión. Por ejemplo, querremos obtener informacion sobre:

- datos (o campos)
- pantallas
- informes

En el punto anterior hablabamos de la importancia de tener bien definido el flujo de datos del sitema, por la dificultad de enfrentarse a la sesion sin él. Sin embargo, podremos encontrar puntos en la agenda de sesión, tales como los datos elementales, pantallas e informes, que pueden ser más facilmente definidos durante la sesión. Por esta razón, no se necesita ir a la sesión con unos prototipos completos; por el contrario, basta con un pequeña investigacion en estos terrenos.

DATOS

Para los datos del sistema, conseguiremos una lista que muestre:

- <u>datos existentes</u>: son los datos que son usados en el sistema actual y también los soporta el nuevo sistema.
- <u>datos a cambiar</u>: son los datos que son usados en el sistema y que se usarán en el nuevo sistema pero modificados.
- <u>datos nuevos</u>: datos definidos por primera vez para el sistema nuevo.

PANTALLAS

Para las pantallas, puede necesitarse:

- <u>flujo de pantalla</u>: es un diagrama que muestra cómo las pantallas se van sucediendo.
- <u>descripciones de las pantallas</u>: describe la funcion de cada pantalla.
- <u>ejemplos de las pantallas existentes</u>: esto puede usarse como referencia en la sesión, como base para realizar los nuevos formatos de pantalla.
- <u>prototipos de nuevas pantallas</u>: diseños preliminares de las nuevas pantallas.
- <u>mensajes de pantalla</u>: los mensajes que se visualizan en las pantalla, para identificar condiciones de error, o de entrada de datos, etc.

INFORMES

Los informes son similares a las pantallas, y podemos querer:

- <u>descripciones de los informes</u>: nombre, descripción general, número de copias que se necesitan, especificaciones, etc.
- <u>ejemplos de informes existentes</u>: que sirvan de referencia.
- <u>prototipos de nuevos informes:</u> diseños preliminares.

Toda esta información se obtiene del Grupo de Analistas (MIS); los nuevos prototipos de información pueden ser diseñados antes de la sesión junto con los usuarios.

FASE 2: LA INVESTIGACIÓN

LA AGENDA DE SESION.

Este es el último punto de esta fase. Se trata de elaborar una agenda de la sesión final, basandose en los siguientes puntos:

- la preparación de la "Guía de Definicion de Gestión".
- las entrevistas de familiarización con el sistema.
- la documentación de flujo de trabajo.
- la obtención de las especificaciones preliminares.

Con esto tu prodremos tener una buena idea de cuales son los puntos que se deben tocar en la sesion JAD, haciendo una lista de todos los temas que se deban cubrir, y organizalos de una forma lógica. Un ejemplo típico de una agenda JAD es parecido a lo mostrado en la figura 2.15.

AGENDA SESION JAD.

1.- Apertura de sesión.
2.- Revision de requerimientos y visión general del sistema.
3.- Flujo de trabajo.
4.- Datos.
5.- Pantallas.
6.- Informes.
7.- Discusiones y aclaraciones de dudas o cuestiones.
8.- Distribución del documento final del diseño JAD.

En la figura 2.15 no se muestra el orden y los puntos que hay que tratar en la sesion JAD (simplemente es un ejemplo tipico). Cada agenda dependerá del proyecto en cuestion. Puede ser que necesites cambiar los puntos a tocar en la sesion, o su orden. Por ejemplo si hay puntos que deben ser tratados antes que otros para entender estos ultimos, etc...

CON ESTO COMPLETAMOS LA FASE DE INVESTIGACION, Y ESTAMOS PREPARADOS PARA AFRONTAR LA FASE 3: PREPARACION.

FASE 3: LA PREPARACION

Tercera fase
La preparación.

Una vez llegada esta fase, tenemos una serie de documentación generada en las fases anteriores. La labor primordial es, por tanto, reunir esta información coherentemente en un <u>documento</u> que sirva de trabajo para la sesión. Este documento incluirá los siguientes puntos:
- Flujo de trabajo.
- Especificaciones preliminares.
- Datos.
- Pantallas e informes.
- Suposiciones y cuestiones o asuntos pendientes.
- Agenda preparada para la sesión.

Además es necesario:
- Preparar un guión,
- Formación del secretario
- Preparar las ayudas visuales,
- Celebrar un pre-encuentro a la sesión JAD, y
- Arreglar la sala del encuentro el día antes de que la sesión comience.

El encargado de llevar a cabo todo esto será el líder de la sesión, ayudado por los analistas asignados al proyecto.

La duración de esta fase no se especifica en todos los libros consultados; algunos estiman la duración en un período de tres a diez días, dependiendo de tres factores principalmente:
- El primer factor es el nivel de experiencia y recursos de la organización JAD.
- Otro factor determinante será el alcance y complejidad del sistema.

FASE 3: LA PREPARACION

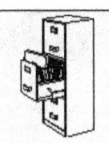

- Por último el nivel de experiencia del líder de la sesión y de los analistas asignados.

Un aspecto importante, considerado por nosotros y comentado en algunas fuentes es la "orientación" del líder de la sesión y de los analistas. Es necesario que sepan el camino que tienen que seguir a la hora de elaborar un documento de trabajo, del que más tarde daremos un definición exacta, para poder abstraer la información verdaderamente importante.

Para realizar esta labor necesitan conocer las metas de los departamentos implicados, los problemas de organización, la terminología especializada y centrarse mucho en los requerimientos y especificaciones de los clientes. Así pues, la meta de esta orientación es la de proporcionar al líder y a los analistas una buena base del área sobre el que se diseñará el sistema, para poder seguir mejor las discusiones de la sesión.

DOCUMENTO DE TRABAJO

El documento de trabajo es precisamente eso, algo sobre lo cual se trabajará en la sesión, de ahí la importancia anteriormente comentada de la orientación de este documento. Es un punto de partida para definir las especificaciones. Aunque este documento pueda parecer un documento final, no lo es, ya que cada apartado del documento es en realidad una propuesta.

Este documento contiene una serie de diagramas, listas y texto que ciertas personas sugirieron durante pequeños encuentros o simplemente conversaciones por teléfono (por supuesto antes de la sesión). Es muy importante hacer énfasis sobre este punto en el pre-encuentro a la sesión y comentar a los participantes que no es el documento final, para que no acudan a la sesión pensando que la decisión final ya ha sido tomada.

El documento de trabajo se encuentra en el mismo formato que el documento final. Puede incluir los siguientes apartados:

FASE 3: LA PREPARACION

- Página de título.
- Prefacio.
- Vista de JAD.
- Agenda.
- Suposiciones.
- Requerimientos de usuario detallados (incluyendo flujo de trabajo, datos, pantallas e informes).
- Cuestiones pendientes.
- Índice.

Por supuesto, éstas no es una lista estricta, ya que el enfoque puede (debe) ser distinto para cada caso; lo importante es saber qué es lo que hay que plasmar en el documento de trabajo para un buen desarrollo de la sesión, así como las ayudas visuales utilizadas en la misma. A continuación describiremos cada una de estas partes.

PÁGINA DE TÍTULO

Incluye el título del documento, el nombre del sistema y la fecha (fig. 3.1).

PREFACIO

Describe cómo el documento de trabajo encaja en el conjunto de la metodología JAD (fig. 3.2).

BREVE INTRODUCCIÓN AL JAD

Consiste en una pequeña explicación de cómo trabaja la metodología JAD. A no ser que se produzca un cambio en la metodología, esta vista es la misma para todo documento de trabajo JAD. El propósito es muy claro: resumir la metodología para aquellas personas que no hayan participado nunca con JAD.

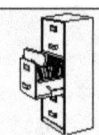

DOCUMENTO DE TRABAJO

SISTEMA DE TRATAMIENTO

12 DE NOVIEMBRE DE 1992

Fig. 3.1. Portada del Documento de trabajo

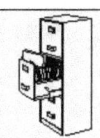

FASE 3: LA PREPARACION

> PREFACIO
>
> Este es un documento de trabajo para el proyecto Sistema de Tratamiento. Incluye especificaciones propuestas que se usarán como punto de partida en la Sesión JAD.

Fig. 3.2. Prefacio de un Documento de Trabajo

La introducción al JAD se mantendrá en el documento final, porque hay un detalle muy importante a tener en cuenta, y es que el documento final puede ser enviado a personas que no hayan participado en la sesión y a las que esta metodología no les sea familiar. Este resumen les da a los lectores de ambos documentos (participantes o no) el entorno que necesitan para comprender cómo JAD encaja perfectamente en el conjunto del proyecto. Incluye:

- Definición: breve descripción de la Metodología JAD.
- Beneficios: resume cómo la metodología JAD puede ser útil en el diseño de sistemas.
- Criterios JAD: relaciona las características que un proyecto debe tener para usar la Metodología JAD.
- Cuestiones pendientes y suposiciones: se definen estos conceptos.
- Diseño del documento JAD: discute sobre el documento final, su propósito y la tarea de los participantes para crearlo.
- Fases de JAD: resume las cinco fases que cubre JAD. También enfatiza las tareas que los participantes realizan en cada una de ellas. Un apartado muestra cada fase con sus documentos resultantes.
- Tareas JAD: resume las responsabilidades del sponsor ejecutivo, líder y participantes a tiempo completo o en línea. Para cada tarea, las responsabilidades son descritas para antes, durante y después de la sesión.

La extensión de este apartado en el documento de trabajo puede ser de aproximadamente unas cinco páginas.

AGENDA

Esta sección da información acerca de la sesión. Contiene la agenda de la sesión, la lista de los participantes y la distribución del documento final.

FASE 3: LA PREPARACION

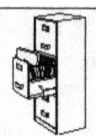

AGENDA DE LA SESIÓN
Describe todo aquello de lo que se tratará en la sesión (fig. 3.3).

AGENDA DE SESION

Los siguientes asuntos serán considerados en el tercer día de la sesión JAD celebrada el 2 de diciembre de 1992:

1. Apertura de la sesión.
2. Revisión de requerimientos y visión general del sistema.
3. Flujo de Trabajo.
4. Datos.
5. Pantallas.
6. Informes.
7. Aclaración de dudas.
8. Distribución del documento final.

Fig. 3.3. Agenda de Sesión

PARTICIPANTES DE LA SESIÓN

Es una lista de los participantes que asistirán a la sesión, una organización del equipo. Los participantes fueron seleccionados anteriormente, pero hay amplias posibilidades de que algunos de ellos no puedan asistir a la sesión. Esto es debido a que pueden haberse producidos cambios organizacionales (cambios de empleados, dimisiones, etc.) que pueden afectar a la lista anteriormente confeccionada.

Cualquier cambio en la lista de participantes sería, por lo tanto, incluido aquí. Se detallarán sus departamentos, códigos y tareas asignadas.

DISTRIBUCIÓN DEL DOCUMENTO FINAL

Simplemente se relacionará a aquellas personas a las cuales les será enviado el documento final.

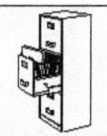

FASE 3: LA PREPARACION

SUPOSICIONES

Incluye la totalidad de las decisiones de negocios acordadas al principio del proyecto. Deberían ser consideradas durante el proceso de diseño.

REQUERIMIENTOS DEL USUARIO DETALLADOS

Aquí trataremos de los asuntos de la agenda de la sesión que son los siguientes:
- Flujo de trabajo.
- Datos.
- Pantallas.
- Informes.

CUESTIONES PENDIENTES

En esta sección se da una lista completa de todas las cuestiones pendientes que están sin resolver y que necesitan ser respondidas durante la sesión.

INDICE

Este apartado es opcional. Se recomienda solamente cuando se dispone de un editor de texto que genera automáticamente un índice basado en códigos que el usuario introduce.

Una vez que se ha realizado el Documento de Trabajo, el líder y los analistas han completado una tarea tan importante como la propia sesión. Ahora continuarían con la preparación del pre-encuentro, del guión para la sesión y de las ayudas visuales, así como de la habitación para la sesión.

PREPARACION DEL GUION PARA LA SESION

El guión es como un mapa para el líder de la sesión. Le dice qué hacer y cuándo hacerlo. Este guión tiene un fin claro para el líder. Por ello, habrá de prepararlo de la manera que a él le sea más fácil de entender después.

FASE 3: LA PREPARACION

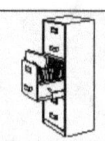

El guión no es una descripción detallada de cada tarea, ni le marca al líder exactamente las palabras que tiene que decir en cada momento. Ayudará al líder para saber qué asunto deberá tratar en cada momento y las ayudas visuales a utilizar. No es como el guión de un discurso, ya que evidentemente es muy difícil conocer la reacción de los participantes ante cada asunto.

¿QUE PONER EN EL GUIÓN?

El contenido del guión para la sesión se describirá detalladamente en el siguiente capítulo de este trabajo, pero aquí intentaremos dar unas pequeñas nociones.

El guión puede tener tres secciones:
- Introducción.
- Asuntos de la agenda.
- Notas.

INTRODUCCION

Se recogerán todos los asuntos administrativos, tales como información sobre la sala de reunión y el resto de las habitaciones, las llamadas por teléfono a realizar o los mensajes que se espera recibir.

Por otro lado también se incluirá aquí una breve presentación de la sesión JAD, que puede contener: una pequeña introducción sobre la metodología JAD, los objetivos de la sesión, y una vista general del sistema que está siendo diseñado o modificado.

ASUNTOS DE AGENDA

Esta es la parte más importante del guión. Cada asunto de agenda (por ejemplo, informes) se divide en módulos (por ejemplo, informes existentes y nuevos informes). Para cada módulo, el guión describe:

- El nombre del módulo y la página de referencia correspondiente en el Documento de

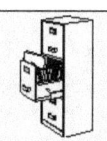

FASE 3: LA PREPARACION

Trabajo.
- Qué acciones recoge.
- Qué ayudas visuales usarán.
- Formatos de escritura requeridos.

En la figura 3.4 se muestra un ejemplo de un asunto de agenda.

NOTAS

Esta sección es usada para añadir algún comentario que no esté especificado en un asunto de agenda, pero que el líder considere oportuno decir durante la sesión.

Las distintas ayudas visuales para los asuntos de agenda serán descritos posteriormente.

Asunto de Agenda: Informes

Módulo: Nuevos Informes (Pág. 34 en el D.T.)

Acción:

1. Leer las nuevas descripciones del informe.
    2. Revisar estas descripciones.
    3. Diseñar nuevos informes. Para cada uno:
      a. Revisar el informe actual y ver si es aceptable.
      b. Si no lo es diseñar uno nuevo usando magnéticos.

Ayudas Visuales:
- Usar transparencias para los informes.
- Usar magnéticos para los nombres de datos.

Formatos

Escritura:
    - Formato de la descripción del informe
    - Formato del diseño del informe.

Fig. 3.4. Ejemplo de Asunto de Agenda

FASE 3: LA PREPARACION

PREPARAR AL SECRETARIO

Aunque este punto no aparece comentado por todos los autores consultados, puede resultar interesante hablar un poco de ello, al tener gran peso en el desarrollo de la sesión.

El encargado de preparar al secretario es el líder de la sesión, celebrando un encuentro con él por lo menos una semana antes de la sesión. En este encuentro el líder deberá:

- Resumir la tarea al secretario. Generalmente el secretario se preguntará porqué ha sido seleccionado él y no otra persona y qué tiene que hacer para tomar buenas notas de lo que se diga en la sesión. No tomará notas en el sentido habitual y probablemente fue elegido por su familiaridad con el sistema y su destreza para la comunicación (comentado en capítulos anteriores a éste).

- Describir la metodología JAD. Sólo si nunca ha estado en un JAD.

- Discutir sobre el proyecto.

- Describir la sesión. El líder deberá describir al secretario como llevará a cabo la sesión para que se vaya familiarizando con el trabajo que va a desempeñar.

Es importante que cada día, antes de la sesión, el líder se encuentre con el secretario y revise lo que éste ha tomado. Si no puede leer lo que ha escrito, deberá encontrar a otra persona para desempeñar dicho trabajo.

AYUDAS VISUALES

Esta es una parte muy importante de la fase de preparación y donde el líder de la sesión y los analistas del proyecto deberán esforzarse. Ya se sabe que "Una imagen vale más que mil palabras" y en esta ocasión, el refrán es perfectamente aplicable a nuestro

FASE 3: LA PREPARACION

caso. Durante la sesión, le será más fácil al líder transmitir una idea a los participantes mediante gráficos o esquemas elaborados en transparencias o murales. Además con esta técnica se pueden ir completando los puntos que se tratan, con nuevas ideas que aportan los participantes, sobre las mismas transparencias. Todo esto se explica a continuación.

MURALES

- Son usados para información que el líder quiere mostrar durante la sesión. Buenos candidatos para utilizar murales son:
    - La agenda de la sesión.
    - Objetivos.
    - Gráfico de la vista del sistema.
    - Cuestiones pendientes.

    Todas estos murales permanecerán colgados durante la sesión y en ellos están plasmadas las principales ideas obtenidas durante la orientación del líder y de los analistas. Además pueden ser completados durante la sesión con las nuevas ideas de los participantes y permanecer como modelo de otros asuntos durante toda la sesión.

TRANSPARENCIAS

- Para poder representar estas transparencias es necesario un proyector especial para las mismas. Estas transparencias son utilizadas con diversos fines: mostrar propuestas de flujo de trabajo desarrollados antes de la sesión, revisar pantallas e informes que necesitan algunos cambios (como hemos dicho anteriormente), etc. Se crean numerosas copias del "esqueleto" de las transparencias en blanco para poder rellenar con las nuevas especificaciones concertadas en la sesión.

    Según algunos autores, existen formatos especiales para las transparencias para cada uno de los asuntos a tratar: pantallas, informes, datos, etc., así como una edición y validación de las especificaciones. A continuación describiremos cada uno de ellos mostrando gráficamente como serían:

FASE 3: LA PREPARACION

- Pantallas e informes: Tienen una cabecera y pie standard o áreas de mensaje completas. En el caso de la distribución de la pantalla se indica el número de líneas de la pantalla, así como el espaciamiento entre ellas, que normalmente suele ser a doble o triple espacio. Las figuras 3.5 y 3.6 muestran las transparencias para pantallas e informes respectivamente.

DISTRIBUCION DE LA PANTALLA
DISTRIBUCION DE INFORME
Nombre de la función:
Nombre de la pantalla:
función: Nombre del informe:

~~(trans)   Título pantalla   mm/dd/aa/~~
~~(Informe)   Título informe   Nº pág.~~   1
                                                         2
                                                         3
                                                         4
                                                         5
                                                         6
                                                         7
                                                         8
                                                         9
                                                        10
                                                        11
                                                        12
Fig. 3.6. Ejemplo de transparencia de formato de informe   13
                                                        14
                                                        15
                                                        16
                                                        17
                                                        18
                                                        19
                                                        20
                                                        21
                                                        22

23 y 24 reservados para mensajes del sistema.

Fig. 3.5. Ejemplo de transparencia de formato de pantalla

FASE 3: LA PREPARACION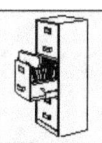

- Descripción del interface: Estas transparencias están generalmente en blanco, con áreas para escribir el nombre de la interface, sistema que envía, sistema que recibe y las frecuencias estimadas de la interface, lista de datos incluidos en la interface y un espacio reservado para notas o comentarios acerca de la interface (fig. 3.7).

```
                    DESCRIPCION DE LA INTERFACE

    Nombre de la interface:

    Del sistema:


    Al sistema:


    Datos:








    Notas:
```

Fig. 3.7. Ejemplo de transparencia de formato de interface

- Las transparencias de edición y validación son confeccionadas con un área de identificación inicial, seguido de un cuerpo de cuatro columnas. Estas cuatro columnas son rellenadas con el número del asunto, el nombre del elemento de datos, el código de usuario y edición y validación de la especificación (fig. 3.8).

FASE 3: LA PREPARACION

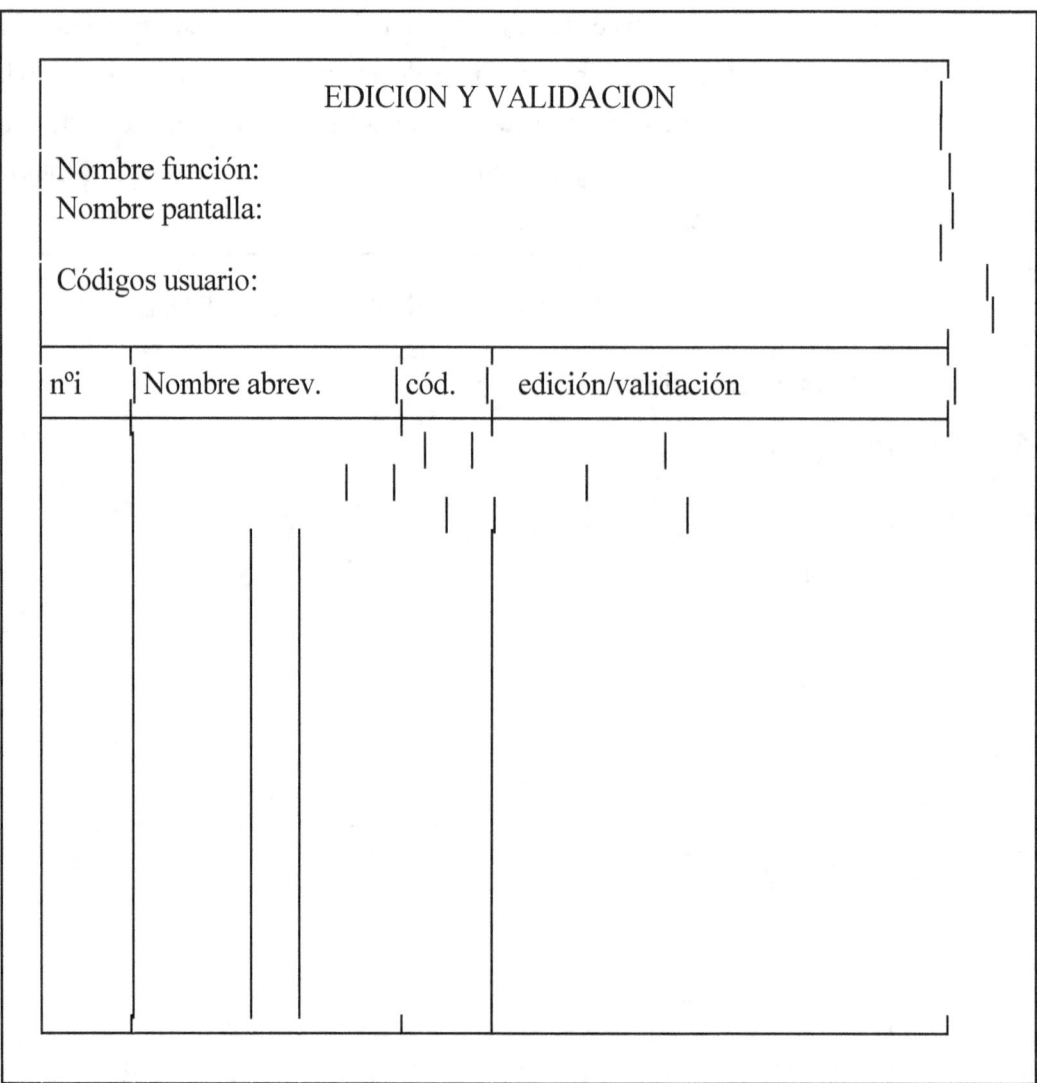

Fig. 3.8. Ejemplo de transparencia de formato de edición
y validación

- Descripción de los datos de datos y función: Los analistas harán copias, en papel o transparencias, del formato de la descripción de elementos de datos y descripción de funciones. Aunque estas copias están generalmente en blanco, cada una tiene un área reservada para los comentarios. La descripción de los elementos de datos reserva espacio para una o dos frases de explicación de los mismos y el formato de la descripción de la función reserva gran espacio para describir el propósito y flujo de la función (fig. 3.9 y 3.10).

FASE 3: LA PREPARACION

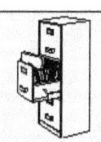

```
                    DESCRIPCION DE LOS DATOS
                    DESCRIPCION DE FUNCION
    Nombre completo:
    Nombre abreviado:
    Nombre de la función:
    Tamaño:
    Tipo de dato:    (9 = numérico; A = alfabético;
    Volumen estimado:     X = alfanumérico)
    Formato:

    Descripción:



    Valores, Rango y comentarios:

    Seguridad/distribución


Fig. 3.9. Ejemplo de formato de descripción de elementos
         de datos
```

Fig. 3.10. Ejemplo de formato de descripción de función

PRE-ENCUENTRO A LA SESION

Este encuentro suele celebrarse una semana antes de la celebración de la sesión, y tiene unos objetivos claros que detallaremos a continuación:

- Establecer compromisos administrativos: presentar al sponsor ejecutivo. Durante una presentación de unos cinco a diez minutos, éste deberá resumir los objetivos del proyecto y cómo beneficiará a la compañía.

- Resumir la metodología JAD: esto lo llevará a cabo el líder de la sesión, hablando de cómo la metodología JAD está siendo usada para soportar el proyecto. También presentará brevemente las cinco fases de JAD, siempre que el

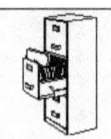

FASE 3: LA PREPARACION

grupo de personas no esté familiarizado con esta metodología.

- Distribuir el documento de trabajo: resaltar, como ya se ha comentado anteriormente, que todo lo que hay en el documento es una propuesta. El documento de trabajo se reparte antes de la sesión para que los participantes se familiaricen con él y lo estudien detenidamente para un mejor funcionamiento de la sesión. Algunos expertos, llegado este punto, diferencian entre los distintos participantes para que la preparación del documento por su parte sea distinta. Veremos esto detenidamente.

Los participantes pueden ser representantes de usuarios, representantes de sistemas de información, especialistas o analistas. El líder querrá que los representantes de usuarios y los especialistas lleven a cabo las siguientes tareas sobre el documento de trabajo:

- Revisar el documento entero y anotar cuestiones, intereses e ideas.

- Reunir, revisar y traer algunos documentos que ellos puedan tener, que describan la manera en que ellos trabajan actualmente. Esto podría incluir manuales, informes que hayan preparado para otras personas o bien informes que otras personas hayan preparado para ellos.

- Consultar con sus colegas sobre ideas de cómo el sistema a diseñar puede incluir trabajo que ya hay hecho actualmente.

- Poner atención en la manera de utilizar la información existente del trabajo. Anotar los problemas que tienen con ella, como información no disponible y dificultades en el uso de los datos de que disponen.

- Confeccionar una lista de los datos que les gustaría tener disponibles en el sistema.

En cambio, el líder querrá que los representantes y especialistas en sistemas de información preparen las siguientes tareas:

- Revisar el documento entero y anotar cuestiones, intereses e ideas que tengan.

FASE 3: LA PREPARACION

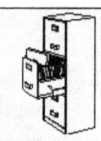

- Reunir, revisar y traer a la sesión, listas relevantes de diccionarios de datos pertenecientes a algún sistema existente que lleve a cabo una función similar al sistema que se está diseñando.

- Considerar si hay algún software o hardware obligatorio o que se supone que afecta a los requerimientos y a la etapa de diseño externo. Esto a veces toma la forma de investigación del mantenimiento y estado de desarrollo, capacidades y necesidades del interface del sistema.

Una vez que el líder deja claras todas estas ideas todo está listo para la sesión. Tan sólo resta preparar la habitación del encuentro.

PREPARAR LA SALA DEL ENCUENTRO

Supongamos que es el día antes de la sesión. El Documento de Trabajo ha sido preparado y distribuido. Todas las ayudas visuales están listas. Lo único que queda por hacer es preparar la habitación de la reunión, con detalles como dónde colocar a los participantes, colgar los murales, colocar el proyector, etc.

Un punto importante es la localización del lugar de reunión. Dependiendo del tipo de proyecto y participantes que acudan a la sesión será conveniente elegir uno u otro lugar. Existen diversas opciones para ello que el líder, en tal calidad, deberá elegir. Las posibles opciones pasan por realizarlo fuera de la ciudad o en algún hotel, dependiendo de la concentración que se requiera para los participantes.

El líder tendrá también que tomar la decisión de si los participantes podrán recibir o hacer llamadas durante la sesión.

Podemos adoptar los siguientes pasos para preparar la habitación:

- Colocar las mesas formando un cuadrado: Es conveniente que las mesas formen un cuadrado con un hueco en el medio, para que todos los participantes puedan

FASE 3: LA PREPARACION

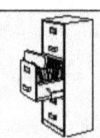

verse. La figura 3.11 nos muestra como sería esta organización y donde se colocarían el líder y el secretario, así como el proyector de transparencias y la pizarra sobre la que se dispondrán los murales.

- Colgar los murales, colocar la Agenda de Sesión en un sitio visible, así como todo aquello a lo que se vaya a hacer referencia durante la misma.

- Colocar todas aquellas cosas que pudieran estar en un lugar equivocado, como el proyector. Colocar todos los materiales necesarios para la sesión en su sitio (bolígrafos, papel o cualquier otra cosa que puedan necesitar los participantes) para que no tengan que levantarse durante la sesión a cogerlos e interrumpirla.

- También hay que considerar que si la sesión tiene lugar durante una época calurosa, los refrescos serán bien recibidos por parte de los participantes.

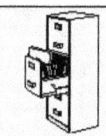

FASE 3: LA PREPARACION

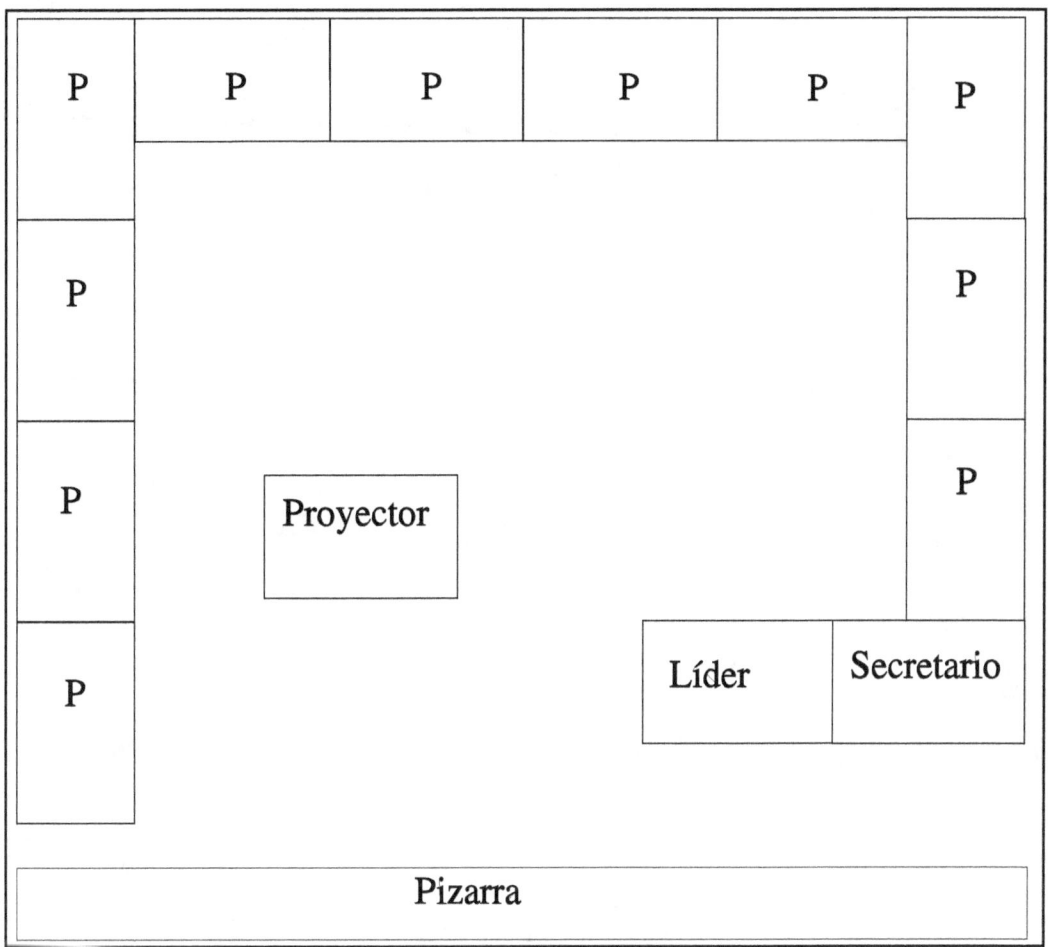

Fig. 3.11. Una posible disposición de la habitación. Cada P corresponde a un participante

- Distribuir etiquetas para que cada participante, según vaya llegando, ponga su nombre en ellas y las coloque en su sitio.

Después de haber realizado todo esto, ya estamos preparados para realizar la siguiente fase: la SESION.

FASE 3: LA PREPARACION

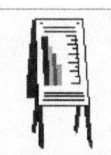

Fase 4
Sesión JAD.

En esta metodología en particular, este es el momento culmen, que todo el mundo espera. Todos los esfuerzos de las etapas anteriores estaban dirigidos a esta fase; la **Sesión**.

Toda la información recopilada durante las **Entrevistas**, en el **Documento de Trabajo** e ilustrada en los diferentes medios audivisuales utilizados, es adaptada y repartida entre las diferentes etapas de las que va a constar la fase de sesión.

Sobre la duración de esta etapa existe un denominador común, entre los diferentes autores consultados, en cuanto al número mínimo de días, que quedará establecido en tres. Pero en cuanto al número máximo, las diferentes opiniones han oscilado entre los cinco y los diez días. Será el líder de sesión quien determinará el número máximo de días que deberá copar la sesión, en función del tamaño y complejidad del sistema desarrollado.

La lista de participantes incluye, normalmente, a un grupo de usuarios representativos, uno o más representantes del grupo de analistas (en inglés, MIS, Management Information System) y uno o más especialistas. Aparte, **el líder**, será el encargado de llevar la sesión y facilitar el análisis y registro de los resultados de la misma. El **sponsor** jugará el papel de usuario representativo o especialista. Esta dualidad de papeles resulta apropiada en los situaciones en las que los ejecutivos de la compañía serán usuarios del sistema.

FASE 4: LA SESION JAD

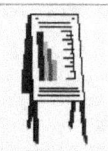

Una sesión JAD típica tendrá la siguiente **agenda**:

- Apertura de la sesión.
- Revisión de requerimientos y visión general del sistema.
- Flujo de trabajo.
- Datos del sistema.
- Pantallas.
- Informes.
- Turno de preguntas.
- Conclusión de la sesión.

Opcionalmente, se pueden incluir más puntos técnicos antes el turno de preguntas, como:

- Registros y diseño lógico.
- Transacciones.
- Especificación de los requerimientos de procesamiento.
- Definición de los interfaces.

FASE 4: LA SESION JAD

INTRODUCCION

Durante la sesión, se utilizará el Documento de Trabajo como base para la determinación de todas las especificaciones finales del sistema.

Para cada punto de la agenda que abarquemos, tendremos que tener preparados diferentes niveles de detalle. Esto quiere decir, que tanto si las especificaciones preparadas son comprensibles, como si no lo son, tendremos que utilizar <u>descripciones</u> de cada una de ellas.

Para la descripción de cada punto de la agenda, se preparan dos apartados.

- **Antes de la sesión**: Muestra todas las especificaciones que se hayan recogido, hasta el momento de la sesión.
- **Durante la sesión**: Describe cómo formar nuevas especificaciones del tema concreto que se esté tratando a partir de un simple borrador, como si no se hubiese preparado nada. Así, si los participantes deciden abandonar todas las especificaciones del Documento de Trabajo, se está preparado para rediseñar cualquiera de los puntos de la agenda.

FASE 4: LA SESION JAD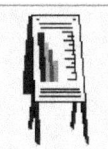

APERTURA DE LA SESION

Lo primero de todo es pasar rapidamente por las <u>cuestiones administrativas</u>, típicas de cualquier reunión, tales como:

- Horarios.
- Localización de los cuartos de baño.
- Teléfonos públicos y números de interés.
- Presentaciones.

A continuación se pasarán a determinar los <u>objetivos de la sesión</u>. Esto no es más que explicar, en uno o dos minutos, el motivo del diseño del nuevo sistema y la existencia de un Documento de Trabajo que todo el mundo debería conocer, así como el hecho de que la sesión no tiene otro objetivo que recoger los acuerdos que se tomen durante la misma para formar así el Documento Final.

De esta manera se persigue que los participantes de la sesión comprendan la historia del proyecto y la metodología JAD. Será labor del líder y del sponsor dar a los participantes información complementaria sobre JAD e involucrarlos en el proyecto con el fin de motivarlos para que colaboren en él como un equipo.

Ahora se hará un breve recorrido, muy de pasada, por cada uno de los puntos de la agenda. Los detalles de la sesión JAD irán apareciendo a los participantes a lo largo de la misma, de forma muy gradual.

REVISION DE LOS REQUERIMIENTOS Y VISION GENERAL DEL SISTEMA

El primero de los puntos a tratar aquí es la visión general del sistema que se está desarrollando. El líder o alguien del grupo, podrá hacerlo y se podrían plantea respuestas a cuestiones tales como:

- A qué departamentos afectará el sistema.
- Por qué se está haciendo ahora.
- Con qué problemas nos hemos encontrado.

También se podrá entrar a aclarar la terminología que se vaya a utilizar durante la sesión.

Un aspecto importante es que durante la definición de los requerimientos, en esta fase, los participantes deben ser "persuadidos" de mantener sus puntos de vista habituales sobre las operaciones del sistema, además de que reexaminen los objetivos del sistema.

De esta manera se evitan las habituales pérdidas de tiempo y dinero que suponen las discusiones sobre un aspecto, aparentemente nuevo, que no es más que una visión diferente del ya ofrecido. Si se consigue este objetivo, los participantes tendrán una visión mas innovadora.

Ahora llega el turno de la parte más innovadora de este apartado. <u>Completar los Tópicos</u>. El líder y los analistas han traído preparados cada uno de los objetivos o repuestas que deberá dar el sistema. Entre los tópicos referentes a los requerimientos, se encuentran:

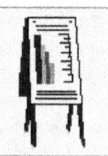

FASE 4: LA SESION JAD

- objetivos,

- beneficios,

- estrategias y futuras consideraciones del sistema,

- constantes de sistema,

- suposiciones,

- seguridad,

- auditoría y

- control.

Se disponen de la forma audiovisual que se haya acordado, y las lanzan a los usuarios de la siguiente forma: el líder identifica el tópico que toque, lo explica y anima a los participantes aporten sus propias ideas que serán reflejadas por el analista o el líder al resto del grupo, para después ser puestas de total acuerdo por todo el grupo y así ser reflejadas en el Documento de Trabajo o ser desechadas.

FASE 4: LA SESION JAD

FLUJO DE TRABAJO

¿Por qué un Diagrama de Flujo de Trabajo?

El Diagrama de Flujo de Trabajo (DFT) muestra cómo se mueve la información a través del sistema. Ilustra, por otro lado, cómo encaja el sistema dentro del contexto de las operaciones globales que lleva a cabo la organización u empresa, y cómo trabaja ésta última, bajo el nuevo sistema.

Puede incluir, las perspectivas del usuario y del sistema, pero las especificaciones típicas vienen expresadas en los términos empresariales habituales.

En lugar de comprimir los procedimientos a alto nivel del diagrama de flujo, el DFT consiste pequeñas piezas funcionales llamadas procesos.

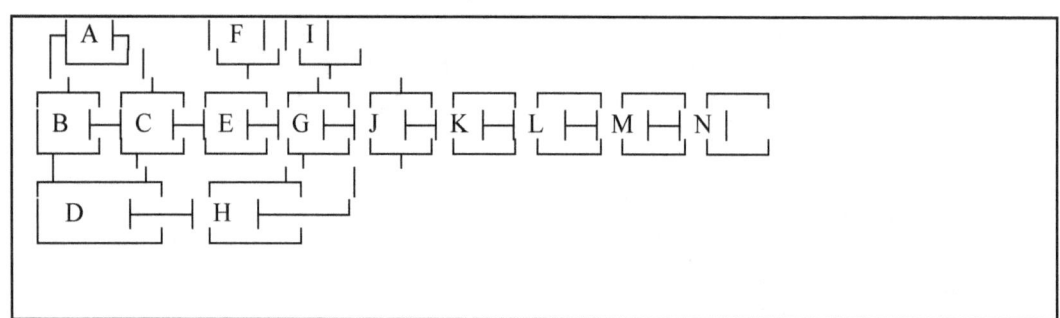

En el ejemplo de la figura 4.1 las claves son las siguientes:

RV: Representante de Ventas.   JV: Jefe de Ventas.

A: RV Recibe petición del cliente.
B: JV o RV introduce los datos del cliente.

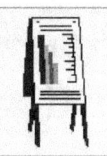

FASE 4: LA SESION JAD

C: RV o JV introduce los datos de la orden.

D: RV se entrevista con el cliente.

E: Orden de precios al sistema.

F: Interface del sistema con el sistema de contabilidad.

G: Comprobación del crédito del cliente.

H: El jefe de crédito evalúa excepciones de crédito.

I: Interface del sistema con el sistema de inventario.

J: Distinción de órdenes.

K: El sistema produce una orden de venta.

L: El sistema produce una lista de pedidos.

M: El almacén prepara la partida.

N: El sistema genera los documentos de partida.

Un proceso puede reflejar funciones manuales, funciones del sistema o interfaces con otros sistemas.

El siguiente paso sería describir en detalle cada proceso del DFT (Diagrama de Flujo de Trabajo). Se requiere un esfuerzo especial de los participantes, ya que deberán discutir y definir cada proceso. Se deberán considerar todas las implicaciones del entorno

H.- El Jefe de Crédito evalúa las excepciones de crédito.

del nuevo sistema (ver fig. 4.2).

FASE 4: LA SESION JAD

> -El sistema da al jefe de crédito una lista de las órdenes de clientes que fallaron por necesitar una revisión de crédito automática.
>
> -El jefe de crédito analiza cada fallo en las órdenes de los clientes.
>
> . Considerar factores tales como tamaño de la orden, valor del cliente, estrategia financiera de cliente, cantidad en la que se ha sobrepasado del crédito.
> . Si el crédito está garantizado en su totalidad, enviar informe al jefe y los representantes de ventas, que entrarán en contacto con el cliente.
> .
> .
> .

Una vez terminada la sesión, la mayoría de las suposiciones y decisiones que se han tomado serán olvidadas por los participantes. Además, está la gente que ni siquiera ha asistido a la sesión y que necesita aprender cómo funciona el sistema.

El documento sobre el DFT les acerca casi toda la información que necesitan para comprender el <u>contexto del sistema</u>.

ANTES DE LA SESION (DS)

El DFT se definió durante las entrevistas. El líder se ayudó de algunos usuarios claves para definir el DFT del sistema existente y del nuevo sistema, durante pequeñas reuniones.

DURANTE LA SESION

Un nuevo DFT se generaría discutiendo simplemente sobre los cambios que afectarán directamente al entorno de trabajo de los participantes así como a sus procedimientos diarios. Una vez que los participantes se hayan puesto de acuerdo, se hacen notar los cambios, sobre las transparencias que representaban el DFT original, para todo el mundo lo pueda ver claramente.

FASE 4: LA SESION JAD

DATOS DEL SISTEMA

Cada elemento de información que sea introducida, procesada, almacenada, displayada y reportada por el sistema, es agrupada en unidades llamadas <u>datos elementales</u> o simplemente <u>datos</u> (campos). Estas serán las unidades, que el grupo utilizará a lo largo de la sesión para diseñar las pantallas e informes, así como construir el diccionario de datos.

El líder será el encargado de solicitar de los asistentes su participación en el desarrollo de una lista que contenga todos los grupos de datos que identifican las categorías en que están divididos los datos elementales, que el sistema deberá almacenar (ver fig. 4.3).

DESCRIPCION DE LOS DATOS ELEMENTALES.

Nombre: Número de cliente.
Longitud: 7
Formato: Numérico.
Descripción: Un único número asignado a cada cliente.

Nombre: Apellido cliente
Longitud: 20
Formato: Alfanumérico.
Descripción: El apellido del cliente.

FASE 4: LA SESION JAD

ANTES DE LA SESION

Los datos propuestos estaban definidos en el Documento de Trabajo. En el Documento de Trabajo, los datos elementales están organizados en tres grupos.

- <u>Los datos existentes</u>. Ya existían en el sistema anterior.
- <u>Los datos modificados</u>. Datos existentes en el sistema actúa, que pueden ser usados por el nuevo sistema si modificamos alguna parte de ellos.
- <u>Los datos nuevos</u>. Los datos propuestos para el nuevo sistema.

DURANTE LA SESION

Lo único que se hace es mantener la lista de datos en un ordenador, organizada en tres columnas. En cada columna se ponen cada uno de los tres tipos de datos vistos anteriormente.

De esta manera, si alguien decide eliminar un dato, se desplaza la fila correspondiente a una pila de datos desechados. Teniendo en cuenta que un dato puede ser propuesto y rechazado hasta tres o cuatro veces hasta que los usuarios se aclaren, este es un buen método para no perder la paciencia.

Con los datos que se propongan, que no estuvieran ya en la lista, se añade una nueva entrada a la columna correspondiente y ya está.

PANTALLAS

En esta parte de la sesión, los usuarios deben definir como van <u>introducir la información</u> en el sistema.

En el estudio de las pantallas que van a componer el interface entre el usuario y el sistema, nos encontramos con dos partes diferenciadas que generalizan el proceso.

A.- Diseño lógico de las pantallas.   B.- Diseño físico de las pantallas.

Analicemos cada una de las partes integrantes de esta división.

A) DISEÑO LOGICO DE PANTALLAS

Esta parte, a su vez, consta de tres partes:

A.1.-   Identificación del propósito de cada pantalla.
A.2.-   Identificación de los datos elementales que entrarán en cada pantalla.
A.3.-   Diseñar un diagrama de flujo de pantallas.

A.1.- **Identificación del propósito de cada pantalla.**

El propósito de ésta primera subdivisión es casi más una obligación del líder, para asegurarse el éxito de esta fase. De lo que se trata es de conseguir que los usuarios identifiquen, desde un principio, dos cosas:

1) Que sepan de qué pantalla se está hablando en cada momento.
2) Que conozcan perfectamente cuál es el propósito de cada pantalla.

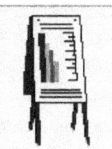

A.2.- **Identificar los datos elementales que entran en cada pantalla.**

Para ello, el líder preguntará, entre los participantes, el nombre de todos los datos elementales que deberían ser incluidos en la pantalla que se esté discutiendo.

Un dato elemental, es una porción de datos específica, también conocida por el nombre de "**campo**". El "Nombre del Cliente", "Número de Producto" y la "Fecha de Compra", son ejemplos de datos elementales. Para los datos que se especifiquen por primera vez en el sistema, se deberán definir una serie de características que deberán acompañar al dato. Las características deberán incluir:

- Nombre completo.
- Tamaño.
- Formato.

- Abreviaturas del nombre.
- Tipo de dato.
- Descripción.

DESCRIPCION DE DATO ELEMENTAL.

- Comentarios / Valores posibles.

Nombre Completo: Fecha de orden de entrada.

Nombre Abreviado: Fecha de entrada.

Tamaño: 6

Tipo de dato: 9   (9 = Numérico;
A=Alfabético;
X=Alfanumérico)

Formato: Fecha, dd/mm/aa

Descripción: La fecha en la que un orden es introducida realmente en el sistema.

Valores / Rangos / Comentarios: (no hay).

FASE 4: LA SESION JAD

A.3.- **Diseño del diagrama de flujo de pantallas**.

Básicamente, se trata de definir cómo los usuarios saltarán de una pantalla a la siguiente.

Utilizaremos una serie de menús o diagramas de bifurcación para definir como accederán los usuarios a las diferentes opciones (funciones) del sistema.

ANTES DE LA SESION

Una vez más, nos ayudamos de las entrevistas mantenidas con los usuarios para elaborar el diagrama de flujo de pantallas previo, que habremos incluido en el Documento de Trabajo. En el se deberá documentar, cómo los usuarios van de menú en menú, a través de los submenús, para ir a la pantalla deseada.

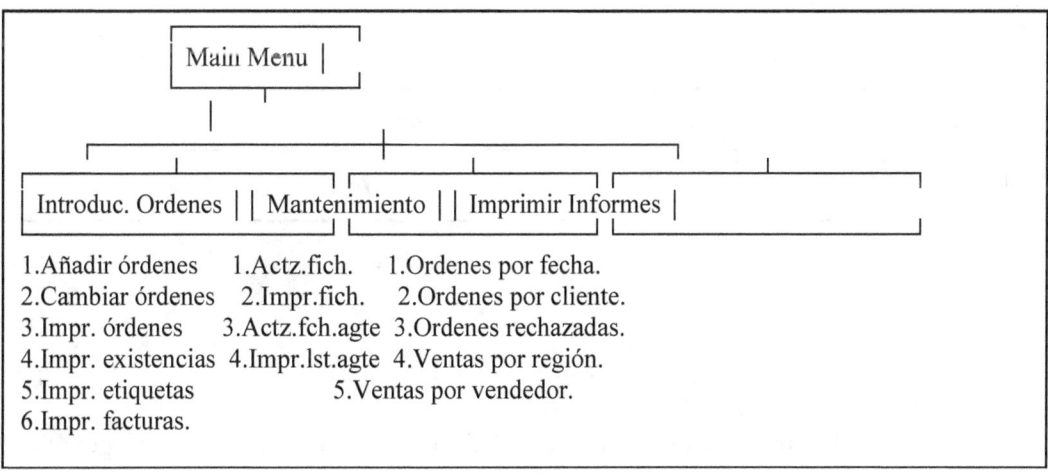

En la figura 4.5 tenemos un ejemplo de diagrama de flujo de pantallas.

FASE 4: LA SESION JAD

DURANTE LA SESION

Lo primero que hay que hacer es observar cómo se desenvuelven los usuarios entre los diferentes procesos, por medio de los menús.

Una vez más, recordar que si tenemos que hacer uso de este apartado, es porque nos debe ayudar a recomponer, en este caso, todo el sistema de menús, a partir de un simple borrador. Pero para ello, contamos con la ayuda de un esquema que nos proporcionará los pasos a seguir, si se diera el caso.

Para definir el flujo de pantallas, seguir los pasos que se indican a continuación:

1. Identificar las opciones del menú principal. Preguntar, ¿cuáles son las principales funciones que debe manejar esta pantalla?

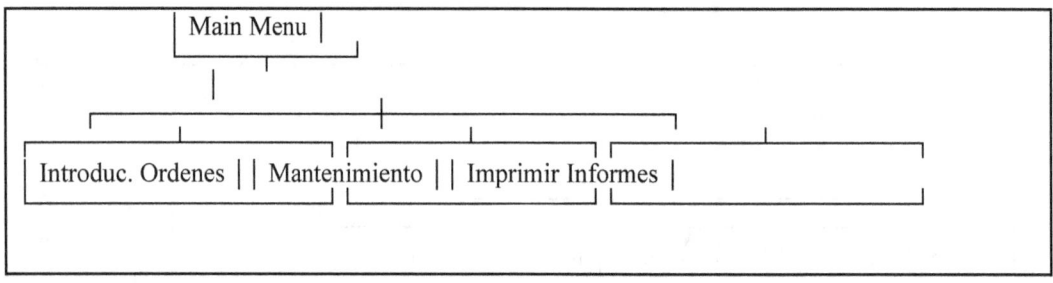

2. Identificar las opciones que habría en un posible submenú generado a partir de cada opción que determinemos.
¿Qué implica la primera función "Introducir ordenes"? ¿Qué opciones debería contener su submenú?

FASE 4: LA SESION JAD

```
                    ┌─────────────┐
                    │ Main Menu   │
                    └──────┬──────┘
         ┌─────────────────┼─────────────────┬──────────────────┐
┌────────┴────────┐ ┌──────┴──────┐ ┌────────┴────────┐ ┌──────┴──────┐
│ Introduc. Ordenes│ │ Mantenimiento│ │ Imprimir Informes│ │             │
└─────────────────┘ └─────────────┘ └─────────────────┘ └─────────────┘

┌─────────────────┐ ┌─────────────┐ ┌─────────────────┐
│ Añadir órdenes  │ │ Actz. fich. │ │ Ordenes por fech.│
└─────────────────┘ └─────────────┘ └─────────────────┘

┌─────────────────┐ ┌─────────────┐ ┌─────────────────┐
│ Cambiar órdenes │ │ Impr. fich. │ │ Ordenes por cte.│
└─────────────────┘ └─────────────┘ └─────────────────┘

┌─────────────────┐ ┌─────────────┐ ┌─────────────────┐
│ Impr. órdenes   │ │ Actz.fch.agte│ │ Ordenes rechaz. │
└─────────────────┘ └─────────────┘ └─────────────────┘

┌─────────────────┐ ┌─────────────┐ ┌─────────────────┐
│ Impr. existencias│ │ Impr.lst.agte│ │ Ventas por reg.│
└─────────────────┘ └─────────────┘ └─────────────────┘

┌─────────────────┐                 ┌─────────────────┐
│ Impr. etiquetas │                 │ Ventas por vend.│
└─────────────────┘                 └─────────────────┘

┌─────────────────┐
│ Impr. facturas. │
└─────────────────┘
```

3. Describir cada pantalla. El resultado sería la figura 4.5.

4. Revisar el flujo de pantallas final.

B) DISEÑO FISICO DE PANTALLAS

Si hay un punto algido en la sesión, es esta parte de la agenda. Una vez que el grupo ha identificado los datos elementales para una pantalla determinada, el grupo debe determinar como se deben presentar las mismas, y puede resultar bastante animado ver cómo el líder se mueve de un lado a otro de la pizarra, colocando, recolocando, borrando y añadiendo opciones a la pantalla.

¿Por qué diseñar una disposición determinada?

El diseño de las pantallas es un paso que la mayoría de las metodologías asignan al departamento de sistemas de información, como parte del esfuerzo técnico. Sin embargo, en esta metodología, ese esfuerzo no requiere mucho tiempo, los usuarios disfrutan y contribuye de una manera significativa a la calidad del diseño, lo cual no parece muy obvio, pero es algo que los integrantes de este proyecto hemos venido notando, desde la primera fase del mismo.

Si algo no hace JAD es descuidar un detalle que pueda ser luego reconsiderado por el usuario, o dejar algo que no pueda especificar el mismo usuario, en manos de los diseñadores. Además, es este caso específico, dejando a los usuarios que participen en el diseño de sus propias disposiciones del sistema, se refuerza el sentimiento de participación en el desarrollo de su sistema, además del conocimiento íntimo del mismo.

- Una vez identificadas las posiciones de todos los datos sobre la pantalla, el líder ayudará a los participantes a evaluar el diseño obtenido, con preguntas sobre la presentación de la pantalla.

- Para las pantallas de múltiples usos (por ejemp. añadir, cambiar, borrar, ver, etc), solo será necesario identificar los datos de las mismas, y superponerlos sobre una sola disposición acordada.

FASE 4: LA SESION JAD

- Los participantes, serán los encargados de determinar cuales serán los requerimientos de edición y validación que deberá cumplir cada pantalla.

```
                      DISPOSICION DE PANTALLA

       1234567890123456789012345678901234567890123456789012345678
     ┌─────────────────────────────────────────────────────────────┐
   01│ XXXXXX        ** SUPER SYSTEM **     DD/MM/AA HH:MM:SS │
   02│         AÑADIR UNA ORDEN:  IDENTIFICACION              │
   03│                                                        │
   04│ Orden N°:       S/Rep ID:         Fecha:               │
   05│                                                        │
   06│ Cliente N°:    Nombre Cliente:                         │
   07│                                                        │
   08│ Ref. Cliente:           Fecha Entrada:                 │
   09│                                                        │
   10│ DATOS DE ENVIO:                                        │
   11│   Departamento:                                        │
   12│   Calle:              D.P.:                            │
   13│   Localidad:          Provincia:                       │
   14│   Attn:                                                │
   15│                                                        │
   16│   FOB:      Via:        Terms:                         │
   17│                                                        │
   18│ DATOS DE CONTABILIDAD:                                 │
   19│   Departamento:                                        │
   20│   Calle:              D.P.:                            │
   21│   Localidad:          Provincia:                       │
   22│                                                        │
   23│ (reservado para mensajes)                              │
   24│ (reservado para mensajes)                              │
     └─────────────────────────────────────────────────────────────┘
```

ANTES DE LA SESION

De nuevo son las entrevistas las que pueden generar ejemplos sobre pantallas existentes o prototipos de nuevas pantallas.

Los <u>ejemplos de pantallas existentes</u>, que estén relacionadas con el sistema se deben incluir en el Documento de Trabajo. Durante a sesión podrían ser utilizadas para mejorarlas o simplemente para actualizarlas.

FASE 4: LA SESION JAD

Los <u>prototipos de nuevas pantallas</u> también deben ser incluidas en el Documento de Trabajo. Se debe tener cuidado, no obstante, con esta parte de la agenda. Lo que no se quiere es "gastar" mucho tiempo en la preparación de este tipo de requisitos cuando aún no se saben las especificaciones de la pantalla.

DURANTE LA SESION

Si se ha llevado a cabo la preparación descrita hasta ahora, lo único necesario para abordar este punto es un proyector de transparencias que muestre las pantallas a los participantes para su revisión. Los cambios se marcarán directamente sobre las transparencias.

Si los cambios son muy amplios o si <u>no</u> se ha llevado a cabo preparación, entonces, ¡no hay salida! Habrá que empezar desde el principio, con una transparencia en blanco, o con una pizarra limpia, y seguir los siguientes pasos:

1. Preparar la pizarra, dibujando marcos vacíos que simulen los bordes de las pantallas.
2. Definir las cabeceras y los pies de página.
3. Diseñar los menús. Empezar con el menú principal y continuar a través de todos los submenús.
4. Seleccionar los campos que irán en la pantalla.
5. Definir las etiquetas de los campos.
6. Determinar de manera precisa la localización de los datos y las etiquetas de estos, en la pantalla.
7. Determinar los mensajes que aparecerán en esa pantalla.
8. Determinar los acceso de seguridad a la pantalla.

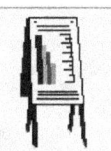

INFORMES

En esta parte de la agenda se definirán cada una de las salidas que generará el sistema. A parte de los informes estándar que se generarán, se incluyen aquí, las facturas, cheques, etiquetas y estados de cuentas.

Sobre este punto hemos encontrado enfoques en los que este apartado se incluye en la etapa anterior de la sesión. De esta manera, los pasos seguidos a la hora de desarrollar las pantallas, serían aplicables al diseño de informes.

Hemos preferido reflejar este punto de una manera independiente al diseño de pantallas con el fin de enriquecer el abanico de posibilidades que se presentan al abordar una sesión. De esta manera, el equipo de desarrollo podrá optar por la posición más conveniente para él.

ANTES DE LA SESION

Las entrevistas pueden generar:

- Descripciones de informes.
- Ejemplos de informes ya existentes.
- Prototipos de informes.

FASE 4: LA SESION JAD

Pasemos a describir cómo debe ser incluida esta información en el Documento de Trabajo.

- Las descripciones se deben reflejar en su forma más abreviada posible, como se muestra en la figura 4.9.

DESCRIPCION DEL INFORME

Nombre del Informe:	Listado de Clientes.
Descripción:	Lista todos los clientes y sus cuentas.
Frecuencia:	Mensual.
Copias:	3
Distribución:	Jefe de Ventas
	Jefe de Marketing
	Supervisor de órdenes de entrada.
Selección:	Todos los clientes que hayan hecho encargos en los últimos cinco años.
Ordenación:	Alfabética, por nombre de cliente.
Datos:	Nº del cliente.
	Nombre del cliente.
	Dirección cliente.
	Teléfono cliente.
	Cod. Postal.
	Descuento.
	Límite de crédito.

FASE 4: LA SESION JAD

- Los ejemplos de informes existentes se incluirán tal cual en el Documento de Trabajo.

- Normalmente, los prototipos de nuevos informes no incluyen las suficientes especificaciones. Ya que aún no se ha terminado con las especificaciones, en este punto de la agenda, es mejor esperar hasta el momento de la sesión para diseñar algún prototipo.

Si aun así se quiere preparar algún informe, lo mejor es traerlo en forma de descripción muy somera de lo que se quiere, para que de esta manera no se pierda demasiado tiempo en algo que, en cierto modo, tiene un futuro incierto.

En este punto encontramos una analogía con lo que sucedía en el proceso de pantallas prototipo, en lo referente a la iniciativa propia en el diseño de prototipos. Hay que tener claro que JAD mide las inversiones en tiempo de una manera muy precisa y recorta notablemente todo lo que puede ser infructuoso o vano.

Llegados a este punto podemos ya responder a la iniciativa de separar el desarrollo de disposiciones de pantallas del desarrollo de informes. Como se ha observado en el apartado de "descripción de informes", se ha profundizado mucho más en los datos que si solo hubiéramos hecho una somera descripción de su disposición.

Además, nos interesan aspectos diferentes que es necesario especificar, como la frecuencia, las copias, etc, que no se desarrollan en el diseño de pantallas por no tener relación directa con el problema planteado, y sí con el diseño específico de informes.

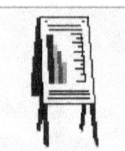

FASE 4: LA SESION JAD

DURANTE LA SESION

Se tendrán en cuenta las revisiones de los informes existentes en el antiguo sistema. Algunas veces, cambiar la longitud de un campo o añadir una columna es todo el cambio que se requiere.

Si el grupo se ha identificado con un informe en especial y quiere mantenerlo a toda costa, hay que darles la oportunidad de que descarten la idea. Para ello hay que echar mano de toda la "labia" de la que se disponga para convencerlos de aquello de que "diariamente se cortan un número alarmante de árboles para hacer papel en el que se imprimirán informes como el queréis mantener, para que luego se llenen de polvo en una estantería."

En el caso de tener que cambiar algún informe, la transparencia es la mejor herramienta. Se proyecta el modelo a revisar y se van anotando los cambios al igual que ocurría con la revisión de pantallas.

Si es necesario definir un informe nuevo, se siguen los siguientes puntos:

1. Preparar la pizarra. Se dibuja un recuadro grande que simule el informe.
2. Definir las cabeceras.
3. Definir los campos que incluirá el informe.
4. Definir los títulos de cada columna.
5. Determinar de forma precisa la posición de cada campo y cada cabecera de columna.
6. Añadir totales y campos sumario.

Una vez terminados todos los puntos pendientes de la agenda, se podrían incluir algunos más, para tratarlos durante la sesión.

Sobre este aspecto, de nuevo, hemos encontrado varias posibilidades entre la bibliografía consultada. Por ello, no vamos a entra en detalle en ninguna de las alternativas

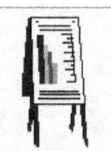

FASE 4: LA SESION JAD

que se proponen a continuación, sino que simplemente las mencionaremos, para poner de relieve que, lo que es la sesión JAD, ya ha terminado, o por lo menos, hasta aquí, los pasos seguidos eran casi todos obligados.

- <u>Descripción de los registros de datos</u>, su tamaño lógico y su diseño lógico.

- <u>Definición de las transacciones</u> llevadas a cabo por la base de datos sobre la que se implementará el sistema.

- <u>Descripción de los niveles de procesamiento</u>.

- <u>Formularios Manuales</u> nuevos, mediante los que pueda ser preciso recibir nueva información.

- <u>Especificación</u> y <u>Validación</u> de requerimientos. Los participantes podría tomar parte también, en esta tarea, de manera opcional. En ella definirían todos los requisitos de edición de edición y validación para cada pantalla y función.

- <u>Identificación de la información</u>. Cada vez que el líder identifique un dato, se le asigna un número secuencial para posteriores identificaciones de una forma más abreviada.

- <u>Completar la descripción de las funciones</u>.

- Identificar funciones de <u>seguridad</u> y <u>distribución</u>. Determinar a que usuarios les estará permitido acceder a cada pantalla/función del sistema. En el caso de los informes, determinar a que usuarios les estará permitido recibir copias de cada informe.

- <u>Evaluar</u> la satisfacción de los participantes con la sesión llevada a cabo. Una de las formas de hacer esto, es pasar un formulario a los participantes con las preguntas claves que peritan determinar esto.

TURNO DE PREGUNTAS

Es en este penúltimo punto de la sesión donde el líder debe emplazar a los participantes a que formulen las preguntas, que durante toda la sesión se han ido posponiendo para el final.

ANTES DE LA SESION

Las cuestiones se han ido acumulando desde que comenzó el proyecto. La Guía de Definición de Gestión incluye todas aquellas cuestiones acumuladas hasta el punto en el que el Documento de Trabajo comenzó a hacer lo propio.

DURANTE LA SESION

Las cuestiones que vayan surgiendo durante la sesión se añaden a las ya existentes. Cuando se observe que se comienza una discusión que comienza a durar un tiempo precioso, se intentará sugerir a los participantes que trasladen la cuestión al final de la sesión en forma de "pregunta abierta".

Ejemplo:

Usuario 1: Podríamos poner el número de cliente como primer campo de la pantalla, seguido del nombre y la dirección.

Sistema de Información de Gestión: ¿Cuántos dígitos ocupa el número de cliente?

FASE 4: LA SESION JAD

Usuario 1: Siete dígitos.

Usuario 2: Bueno, a nosotros nos ocupa ocho en la división de Boston, ¿no podríamos adoptar nuestro formato como estándar?

Usuario 1: Bueno, a mí me parece que es más gente la que utiliza el formato de siete dígitos, luego ¿por qué no adoptar este como estándar?

Líder: En vista de que aquí no tenemos suficientes personas que representen a varios formatos de número de cliente, formularemos esta cuestión al final de la sesión de forma abierta, una vez tengamos más elementos de juicio.

FIN DE LA SESION

Por fin, el líder debe dar por concluida la sesión. Para hacer esto es muy importante que se asienten los objetivos para los que estaba marcada la misma, y necesariamente se deberá echar mano de más psicología que otra cosa.

Lo primero que debe hacer es una revisión muy general de todo lo que han llevado a cabo. Comentará con los participantes el efecto que tendrán sobre ellos los resultados obtenidos. Esta es una cuestión que implica <u>retroalimentación</u>, es decir de recibimiento del sistema obtenido. Además, tratará de asegurarse de que todos ellos acepten las decisiones tomadas ya que de otro modo no se habrían cumplido todos los objetivos del JAD.

Esta revisión fortalece el sentimiento de trabajo en equipo, el compañerismo y participación de cada uno de los asistentes. Es aquí donde se deberían distribuir los formularios de evaluación de la sesión.

FASE 4: LA SESION JAD

Opcionalmente, el líder y los participantes pueden comenzar a darle forma a lo que va a ser la presentación del sistem

Además de todo esto, puede ser bueno asegurarse, en este punto, de quién va a recibir el Documento Final, y el número de copias que va recibir. Esto se hace para simplificar el proceso de distribución y para evitar que alguien reciba el documento sin una explicación de qué es eso, de dónde viene y por qué lo ha recibido.

Finalmente, restan unas pocas palabras sencillas que cierren la sesión. Lo que se quiere con esto es dejar una nota positiva agradeciendo el esfuerzo del grupo y reconociendo lo bien que han funcionado como grupo.

Si se consigue que los participantes salgan satisfechos de la sesión, para lo cual no son menos importantes estas palabras finales, volverán a sus lugares de trabajo, y comentarán por toda la organización el valor y los beneficios del nuevo sistema y de JAD.

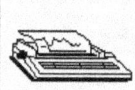

Fase 5
El documento final.

Tras la sesión, el trabajo parece haber terminado para los integrantes del JAD. Sin embargo, todas las especificaciones y acuerdos alcanzados a lo largo de las fases anteriores han de ser plasmadas de forma ordenada y clara.

Para ello es necesario formalizar la labor realizada y permitir así a terceras personas conocer y comprender el trabajo efectuado a lo largo del JAD. Es, además, en esta fase donde se obtiene del sponsor ejecutivo la conformidad por escrito, mediante su firma (junto con la de otros representantes) en el documento. El tiempo total destinado a esta fase puede oscilar entre siete y quince días hábiles. La figura 5.1 muestra gráficamente las entradas y salidas de esta última fase.

FASE 5: EL DOCUMENTO FINAL

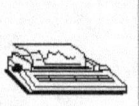

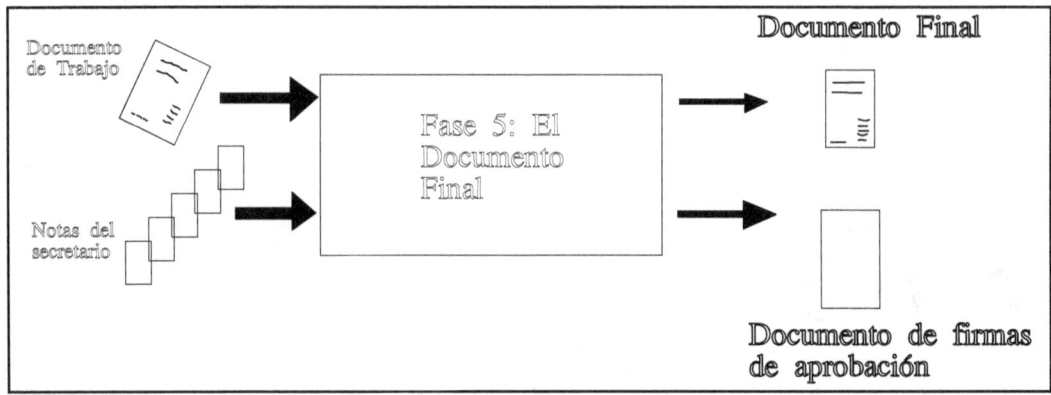

LOS OBJETIVOS DEL DOCUMENTO FINAL

Esta es, por tanto, una fase no menos crítica que las anteriores. Los objetivos fundamentales son:

- generar el documento final, que incluye todas las especificaciones del sistema en proyecto, incluyendo una revisión exhaustiva del mismo,

- presentar el documento final en un primer momento a los integrantes de la sesión JAD, para su revisión y modificación en caso necesario, y

- la aceptación por escrito de todo lo contenido en el documento final, por las partes implicadas (representantes del MIS, usuarios, sponsor, y líder).

Como veremos posteriormente, algunos autores incluyen dentro de esta fase la construcción (y posterior revisión) de un prototipo del software, el cual es presentado al sponsor y los usuarios participantes en el JAD, con un valor meramente informativo.

Es necesario destacar la importancia del documento final. Este documento constituye la única prueba válida y adecuada del trabajo realizado a lo largo de las fases de análisis y diseño externo. Es la única referencia tangible de que disponen los directivos para evaluar el estado del proyecto una vez concluido el JAD.

FASE 5: EL DOCUMENTO FINAL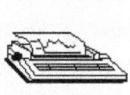

LA ENTRADA DEL DOCUMENTO FINAL

A esta última fase sólo llegan un montón de formularios repletos de especificaciones y un documento de trabajo con numerosas correcciones a mano. Todo este conglomerado de información ha de ser convertido en un documento formal que permita definir, con claridad y de forma vinculante, las especificaciones a las que se ha llegado a través de las fases anteriores.

La elaboración del documento final no consiste en un simple proceso de ensamblado de la información producida en las cuatro fases anteriores, culminada con un compendio de firmas de aceptación. Por el contrario, toda la información que se recoge debe estar expresada de tal manera que garantice su exactitud y comprensión, tanto por los usuarios como por los programadores encargados de llevar adelante el proyecto.

LA ELABORACION DEL DOCUMENTO FINAL

Es muy importante que el trabajo de creación del documento final se haga **inmediatamente después** de las sesiones de JAD. El motivo es que, a menudo, existen multitud de detalles referentes a las especificaciones que fueron acordados verbalmente sin ninguna otra referencia. Posponer la elaboración del documento final puede significar olvidar esos detalles, los cuales pueden ser críticos de cara a desarrollar un sistema eficiente y que cumpla los requerimientos establecidos.

En esencia, el documento final consiste, básicamente, en una mutación del documento de trabajo, al que se le añaden nuevos apartados y se modifican los ya existentes. Tanto las adiciones como las modificaciones son de distintas categorías.

En lo que respecta a las adiciones, existen algunas orientadas más a cambios

FASE 5: EL DOCUMENTO FINAL

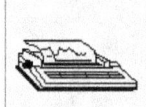

de forma, como la adición de una página de título en la que se incluye el nombre del proyecto, la fecha de terminación y la lista de participantes en la sesión JAD. Dado que el documento final sufre una revisión que a menudo provoca diversos retoques, es

BORRADOR

conveniente hacer figurar en esta página la palabra "BORRADOR" (ver fig. 5.2).

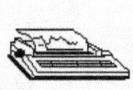

SISTEMA DE CONTROL DE HORARIOS

28 de Diciembre de 1992

Alberto Fernández
Laura Gutiérrez
José Manuel Hernández
Martín Mangada
Luis Sandoval

Otras adiciones suponen un cambio de fondo y/o un mayor esfuerzo. Un ejemplo de este tipo es la tabla de contenidos (ver fig. 5.3), que describe los diferentes apartados de que consta el documento y las páginas en que se localizan, y a partir de la cual se desarrolla el resto del mismo. La confección del documento es, sin embargo,

TABLA DE CONTENIDOS

principalmente una tarea compuesta por modificaciones sobre el documento de trabajo.

FASE 5: EL DOCUMENTO FINAL

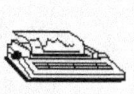

> Introducción a JAD............ 5
>
> Agenda............ 7
>
> > Agenda de sesión............ 9
> >
> > Participantes de la sesión......... 15
> >
> > Distribución del documento final... 17
>
> Presunciones............ 21
>
> Flujo de trabajo............ 25
>
> Elementos de datos............ 33
>
> Pantallas............ 47
>
> > Existentes............ 49
> >
> > Nuevas............ 59
>
> Informes............ 65
>
> > Existentes............ 67
> >
> > Nuevos............ 77
>
> Cuestiones pendientes de resolución............ 85

Aunque la agenda también es retocada, ya que debe cambiar todas sus referencias temporales ("...que será tratado el segundo día de sesión..." pasará a ser "...que fue tratado el segundo día de sesión..."), el grueso de los cambios reside en el flujo de trabajo, las descripciones de datos, las pantallas y los informes.

En cada una de estas secciones han de incorporarse todas las modificaciones realizadas durante la sesión JAD, separando en el caso de las dos últimas el material existente en el momento de comenzar la sesión y el que se creó a lo largo de la misma (y

FASE 5: EL DOCUMENTO FINAL

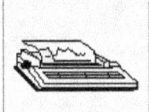

que, por tanto, no estaba recogido en el documento de trabajo). En el punto "Claridad y exactitud, algo imprescindible", más adelante en este mismo capítulo, veremos cómo se hacen estas modificaciones.

) QUIEN HACE EL DOCUMENTO FINAL?

El documento final es, como se ha comentado, la formalización de los resultados obtenidos. Por tanto, conlleva una gran responsabilidad y es por este motivo que se encargue de él el líder, el cual, sin embargo, puede verse auxiliado por el secretario, o algún administrativo que domine el tratamiento de textos.

CLARIDAD Y EXACTITUD, ALGO IMPRESCINDIBLE

La elaboración del documento final ha de cuidarse sobremanera, ya que, en última instancia, va a convertirse en el único resultado tangible del JAD. En este sentido es importante hacer hincapié en dos características que debe poseer el documento: claridad y exactitud.

El documento final va a ser el punto de partida del equipo de diseño interno y de los programadores. En consecuencia, ha de contener definiciones concretas que permitan al personal del MIS comprender las especificaciones sin el más mínimo lugar a la ambigüedad, y a disponer de ellas en un lugar determinado del texto, sin necesidad de leer un inmenso párrafo para reconocer la estructura de una conjunto de datos.

A la vez, el documento final ha de ser claramente comprensible para todo el personal interviniente en la sesión JAD (ya que los integrantes deben revisarlo antes de considerarlo definitivo). Por este motivo, ha de estar alejado de tecnicismos y abreviaturas que dificulten su lectura a los usuarios del sistema, que probablemente tendrán limitados

conocimientos de informática.

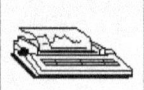

FASE 5: EL DOCUMENTO FINAL

Esto trae consigo la tarea de conseguir un difícil equilibrio entre la exactitud que necesita el MIS, y la claridad precisada por parte del grupo de usuarios. Para ello, deben evitarse en la medida de lo posible las expresiones demasiado técnicas, así como demasiado vagas.

Toda abreviatura de la que se haga uso en el documento final ha de encontrarse al menos una vez en su versión extendida (abreviatura que no tiene porqué corresponder necesariamente a tecnicismos informáticos: pueden ser también relativos a la empresa u organismo que solicita el desarrollo del sistema). Incluso una lista de abreviaturas y su significado al final del documento puede ser conveniente si se hace un uso excesivo de las mismas.

Hasta aquí nos hemos referido a la claridad, pero existe otro importante factor: la exactitud. A lo largo del documento existen secciones críticas por la cantidad de información importante que contienen. Una equivocación en la transcripción del flujo de trabajo o la definición de datos puede provocar errores en el diseño que habrán de ser corregidos posteriormente.

Las correcciones tardías suponen un sobrecoste económico, amén de otros factores (corrección de datos ya introducidos, tiempo sin uso del sistema mientras se reparan los daños, etc.). Resulta crucial, por tanto, eliminar estos fallos, mediante el cotejo concentrado y exhaustivo del documento final y las anotaciones de la sesión JAD, junto con el documento de trabajo.

LA REVISION DEL DOCUMENTO FINAL

Una vez construido el documento final se manda un borrador a cada uno de los integrantes de la sesión JAD, citándoles para que planteen las correcciones que consideren oportunas. El objetivo de esta revisión no es darles una última oportunidad de presentar cuestiones no planteadas durante la sesión JAD, sino revisar, y corregir en su

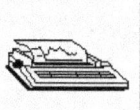

FASE 5: EL DOCUMENTO FINAL

caso, el documento final; así se lo debe hacer saber el líder. Las correcciones pueden ser de tres tipos:

EXACTITUD Y CLARIDAD:

equivocaciones en las transcripciones (o en las propias notas tomadas durante las sesiones).

PUNTUALES:

del tipo "¿No sería mejor decir 'la' en lugar de 'una'?. Son cuestiones muy puntuales que carecen de importancia para la mayoría del grupo.

CAMBIOS POSTERIORES A LA SESIÓN:

adición de campos, modificación de la longitud de los mismos, etc. Generalmente afectan al diseño posterior del sistema.

Las primeras deben contar con el consentimiento del grupo, ya que pueden afectar a otros componentes del mismo. En caso de acuerdo, las correcciones se apuntan y son tenidas en cuenta.

Las segundas no merecen ser discutidas y es preferible aceptarlas sin más. Las últimas no deben ser tomadas en cuenta de cara a la edición final del documento, sin perjuicio de que puedan ser discutidos posteriormente con el personal destinado a la implementación y diseño interno. Efectivamente, las especificaciones del documento final no son inamovibles, sino que representan un punto definido de referencia dentro del desarrollo del proyecto.

En función de la importancia y cuantía de las modificaciones hechas en la revisión, puede ser necesario reeditar el documento final (ya sin el indicativo de "BORRADOR"), o simplemente agregar un apéndice con las rectificaciones efectuadas.

FASE 5: EL DOCUMENTO FINAL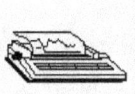

LA APROBACION DEL SPONSOR

Una vez hechas las correcciones oportunas, sólo queda obtener las firmas de aprobación. Si las modificaciones realizadas han sido suficientemente pequeñas, puede intentar conseguirse la aprobación al término de la revisión, ya que se tienen reunidas todas las personas que han de firmar.

Hay un detalle mucho más sutil para intentar obtener la aprobación justo tras la revisión, y es que, a medida que pase el tiempo, el sistema reflejado en el documento final del JAD irá sufriendo correcciones y puede que alguno de los firmantes no estuviera de acuerdo con tales modificaciones.

Tras la firma pertinente, la parte tocante al JAD habrá terminado. Los cambios posteriores y su documentación son responsabilidad de los programadores, aunque es buena idea mantener copias del documento final tanto en papel como en soporte magnético.

EL PROTOTIPO

Como se comentó anteriormente, ciertos autores incluyen en esta fase el desarrollo, revisión y presentación de un prototipo. Un prototipo es una simulación de ciertas partes del sistema en desarrollo, principalmente de las que requieren más interacción con los usuarios.

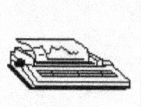

FASE 5: EL DOCUMENTO FINAL

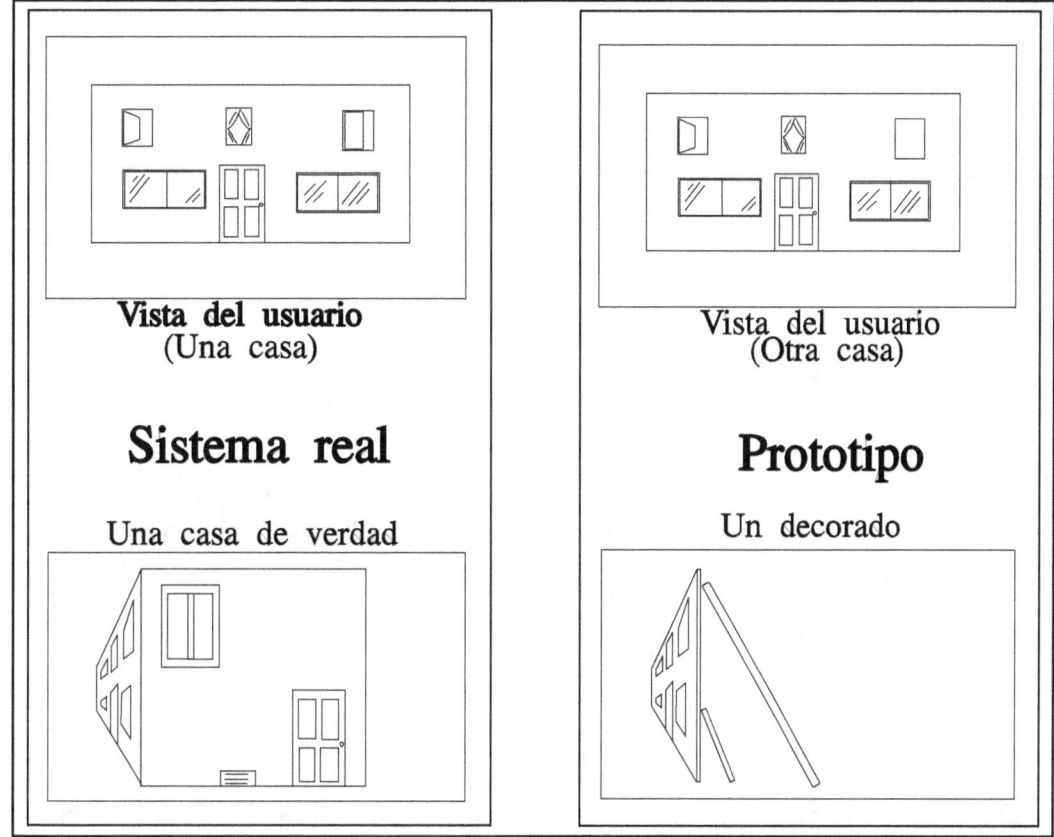

La figura 5.4 explica, con un símil, la diferencia entre el prototipo y el sistema real. Si el sistema real fuera una casa, el prototipo sería un decorado con el mismo aspecto externo de la casa. La diferencia no se percibe desde el exterior, pero en la casa hay habitaciones y estancias donde se puede cocinar, comer, dormir, etc., mientras que tras el decorado no hay nada con lo que hacer esas mismas cosas.

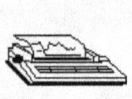

FASE 5: EL DOCUMENTO FINAL

De igual forma, tras las pantallas del sistema hay un conjunto de algoritmos, bases de datos, llamadas al sistema operativo, controles de integridad, etc. mientras que tras el prototipo no hay nada (que realice las mismas tareas).

Para desarrollar estos prototipos existen herramientas software, que a menudo se integran en las de CASE. A través de ellas se pueden editar formatos de pantalla y simular el proceso de recogida de datos, incluyendo incluso las cláusulas de validación de datos. También permiten definir los menús de acceso a las diferentes opciones del sistema.

La combinación de ambas prestaciones permite a los usuarios en general, y al sponsor en particular, hacerse una idea de cómo funcionará el sistema, y de su facilidad de uso. El prototipo tiene un valor meramente informativo y no es vinculante a ningún nivel.

HERRAMIENTAS Y TECNICAS

Herramientas y técnicas

En el diseño de cualquier gran proyecto hace falta una planificación y una metodología, y JAD no podía ser menos. La planificación sirve, por ejemplo, para asegurarse de que no llega el día de la sesión JAD y nadie sabe nada de las transparencias.

LA PLANIFICACION

Para la planificación de proyectos, especialmente cuando se desarrollan varios a la vez, es aconsejable usar una herramienta informática destinada a tal efecto (como MS Project, o Harvard Project Manager, ambos para Windows).

Estos programas permiten definir tareas a cumplir para llevar a cabo el JAD y determinar los plazos en que éstas han de ser cumplidas, todo ellos mediante notaciones formales como la del PERT o Gantt. Mediante estas herramientas se pueden hacer tablas de planificación para dejar claro quién y cuándo va a hacer qué tarea del JAD.

LA IMPORTANCIA DE LOS DETALLES

En los grandes proyectos, con frecuencia no son las cuestiones más ocultas, sino los detalles más triviales, las causas de que surjan complicaciones que condicionen el éxito o el fracaso del mismo. Estos detalles tienen especial importancia en el JAD, donde se está alejando a algunos componentes del grupo (los usuarios) de sus puestos laborales, y a los que no se les puede decir que la sesión queda pospuesta para el día siguiente por falta de lápices.

Por lo que respecta a los participantes, es importante considerar si las fechas

pueden impedir a alguno de los mismos el estar presente en todas las jornadas de sesión. De la misma forma, es importante decidir la ubicación del local en el que se celebre el JAD, con el fin de minimizar la posibilidad de interrupciones no deseadas.

Otro punto sumamente importante en la planificación del desarrollo del JAD es la disponibilidad del material y equipos necesarios, así como del número de formularios de anotaciones necesarios. Esto incluye hacer una previsión suficiente (abundante, preferentemente) del material de oficina que pueda ser requerido durante la sesión JAD. Desde lápiceros a transparencias, es muy importante asegurarse de que no va a haber ni tan siquiera que preocuparse por la escasez de tales elementos.

En lo que respecta a los formularios de anotaciones, puede decirse prácticamente lo mismo que del resto, haciendo aún más énfasis en que la cantidad debe garantizar que no va a plantearse ningún problema de existencias. El uso de impresos de notas es imprescindible cada vez que se añade información nueva a la definición del proyecto, en contraposición a la corrección o ampliación de los datos ya contenidos en el documento de trabajo.

En general, cada tipo de formularios debe llevar alguna cabecera que le distinga del resto, con el fin de ayudar a separar y encuadrar en categorías la información recogida. Sobre esta base, ciertos impresos deberán constituir tablas (como los de definición de elementos de datos), o ser un simple papel en blanco (como los destinados a dibujar los diagramas de flujo).

¿PUEDE AYUDARLE UTILIZAR HERRAMIENTAS CASE?

Toda metodología está soportada por una serie de herramientas y técnicas (muchas de ellas son escritas a mano, y esto puede ser muy difícil y harto tedioso, sobre todo en sistemas de información muy grandes).

HERRAMIENTAS Y TECNICAS

Para evitarlo, existen una serie de herramientas, llamadas **HERRAMIENTAS CASE**, que son una serie de <u>herramientas software, destinadas a soportar varias partes del ciclo de vida del desarrollo de sistemas</u>.

Las herramientas CASE pueden <u>incrementar la productividad</u> del desarrollo de sistemas, y <u>reducir su mantenimiento</u>. Existen dos grupos de herramientas CASE:

- herramientas CASE <u>superiores</u>: destinadas a las fases de iniciación, análisis y diseño, del desarrollo de un sistema.

- herramientas CASE <u>inferiores</u>: destinadas a las fases de construcción, implementación y mantenimiento, del desarrollo de un sistema.

Una herramienta CASE altamente sofisticada podría manejar todo el ciclo de vida del desarrollo de un sistema (lo cual no suele ocurrir). Ejemplos de herramientas CASE, que existen actualmente, son:

- Index Technology's Excelerator.
- KnowledgeWare's Information Engineering Workbench.
- Nastec's Design Aid.
- Yourdon's Analyst/Designer Toolkit.

¿QUE UTILIZAN LAS HERRAMIENTAS CASE PARA AYUDARNOS?

- **Gráficos.** Lo que te permite dibujar los diagramas de flujos de datos, diagramas entidad/relación, etc. Es decir, todo lo que te puede ayudar para desarrollar y documentar las especificaciones del

sistema.

- **Diccionario de Datos.** Es el núcleo de todas las herramientas CASE alrededor del cual se colocan las demás características. Es un almacén central, que contiene las definiciones de todas las entidades que hay en el sistema.

- **Uso de Prototipos**. Permite diseñar la secuencia de pantallas que se van a presentar al utilizar el sistema.

- **Generación de Código.** Permite crear código, basado en especificaciones detalladas que tú defines. Existen en el mercado herramientas que crean el código en COBOL, BASIC, C, PL/1, y otros lenguajes, de las pantallas de presentación que tú diseñes.

- **Detección de Errores.** Te permite analizar todo lo que hayas creado con la herramienta CASE, como detección de errores de diseño, etc.

- **Otras Funciones.** Que le pueden ser adicionadas a las herramientas CASE, según lo necesitemos como, por ejemplo, gestión de proyectos, procesamiento de palabra, etc.

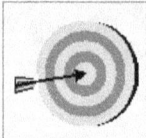

Psicología JAD

En este apéndice vamos a intentar acercarte a la psicología empleada por JAD, desde el comienzo de su andadura en la elaboración del sistema hasta llegar a la sesión. Entraremos brevemente a discutir los problemas de las dinámicas de grupo, por ser éste un aspecto de gran importancia, y a su vez poder determinar el éxito de la reunión. Conociendo este tema mínimamente, podremos evitar problemas desde la primera sesión que llevemos a cabo.

TENER LA GENTE ADECUADA EN LA HABITACION

Considera por un momento cuales serían las consecuencias de no tener a la gente adecuada en la sesión: no tendrías participantes con la suficiente autoridad ni conocimiento como para poder determinar las especificaciones del sistema. Esto atentaría contra el concepto fundamental de esta metodología, que es <u>conseguir un grupo de trabajo concentrado, en el que todos formen parte en las decisiones</u>. Por ello, si no atiende todo el mundo, hay que empezar a considerar la posibilidad de revisar el esquema de JAD planteado.

Para asegurarse de tener a las personas adecuadas, no está de más perder un rato en seleccionarlas durante las primeras fases. Para ello, hablaremos con los usuarios, con el sponsor y también con el director del MIS.

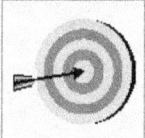

PSICOLOGIA JAD

Una vez que tengas ya una lista de la gente que se queda y de la que no, no olvides que es igual de malo sobrecargar la sesión con demasiada gente. No invites a alguien por razones meramente políticas, simplemente porque no se sienta apartado del desarrollo del sistema. La sesión JAD no es una fiesta.

Cuando, sin embargo, hayas olvidado a alguien importante en la lista de "invitados", y notes que durante la sesión se hace hincapié en esa persona, no lo dudes y llámale. Si tienes un buen sponsor ejecutivo, no tendrá problemas en traerle a la sesión y si aún así parece imposible conseguir su asistencia, establece que las cuestiones que tenga que determinar esa persona queden planteadas para el turno de cuestiones abiertas al final de la sesión. También puedes remitir a esa persona los problemas para que los resuelva personalmente y así poder plantearlos al día siguiente.

COMO SER FLEXIBLE Y RESTRINGIRSE AL GUION

Puede sonar contradictorio, pero ambos términos no son mutuamente excluyentes. Se pueden hacer las dos cosas al mismo tiempo pero, para mantener un equilibrio entre permanecer flexible y restringirse al guión, debes ser capaz de distinguir entre una opinión improductiva y una discusión <u>necesaria</u>.

Lo que suele suceder es lo siguiente: el grupo esta discutiendo algún tema cuando de repente alguien salta con algo relacionado. Alguien más recoge la pelota y la conversación se degrada, perdiéndose el objetivo de la discusión original.

Por eso es necesario que en estas situaciones, surjas planteando cuestiones como ésta: ¿Creéis que esta discusión es necesaria para llevar a cabo esta parte de la agenda?, si es que no eres capaz de resolvertela tú mismo.

Algunas veces pasará que el grupo adopte unánimemente una digresión de la

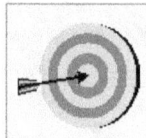

agenda, convencidos de que es necesario. Sin embargo, la discusión entra en un círculo vicioso que no lleva a ninguna parte. Es el momento de plantear la cuestión para el turno abierto de preguntas.

¿CUANDO DEBE INTERRUMPIR EL LIDER?

La situación más obvia en la que debe interrumpir el líder es cuando las discusiones se salen del recorrido de la agenda. Tan importante como distinguir las digresiones de la agenda, es poder reconocer un <u>consenso potencial</u>, esto es, detectar cuando se puede alcanzar una decisión de diseño. A esto es a lo que se refieren los encargados de marketing como "cerrar una venta".

Otra razón, pero mucho menos importante, por la que el líder podría interrumpir la sesión, son los descansos.

¿CUANDO DEBE EL/LA SECRETARIO/A TOMAR NOTAS?

Muy simple. El secretario deberá tomar notas cuando el líder se lo ordene. Entonces, deberá reflejar exactamente, o bien lo que digan los participantes o la versión parafraseada del lider.

MANTENER UN MINIMO ARGOT TECNICO

La forma mas sencilla de confundir y alienar a tus usuarios es dejar que el grupo de analistas mantenga una conversación entre ellos, utilizando, por supuesto, argot técnico, acrónimos y otras palabrejas raras.

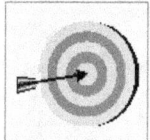

Asegúrate de que todo el mundo está entendiendo el lenguaje que se está utilizando. No asumas que todos los usuarios entienden automáticamente términos como "actualización en tiempo real on-line", o "sistema manejado por menús", o "navegar por una base de datos". No esta de menos que alguien traduzca al castellano común este tipo de terminología.

COMO MANEJAR LOS CONFLICTOS

Los conflictos se originan de distintas maneras. Hay conflictos en los que un pequeño número de participantes defiende una postura determinada en el diseño del sistema. Este tipo de conflictos son productivos y no deben ser subestimados. Hay otro tipo, en el que la discusión se mantiene en un estado pasivo y no lleva a ningún sitio a no ser que se aborde el siguiente punto de la agenda.

Finalmente están los conflictos dogmáticos que levantan los ánimos con discusiones intensas en las que el ego juega un papel importante, se eleva la presión de la sangre y la gente toma la actitud de "... o adoptamos mi opción o me voy". Este tipo de conflictos es innecesario e improductivo, pero cuando surgen debe ser manejado con cuidado o podrían dar al traste con la sesión. Esta podría ser una de las tareas del sponsor.

A continuación vamos a ofrecer una serie de técnicas de resolución de conflictos:

PLANTEAR UNA PREGUNTA AL GRUPO

Normalmente, los conflictos surgen por desacuerdos fuera de lugar. Si surge una discusión por dos opiniones diferentes sobre la longitud de un campo, por ejemplo, se hace necesario un cambio de perspectiva. Plantea la cuestión: ¿Cómo piensan los usuarios

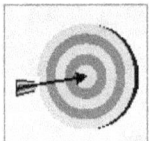

sobre este tema?

PLANTEAR UNA CUESTIÓN PARA EL TURNO ABIERTO DE PREGUNTAS

La manera mas común de manejar un conflicto es enviar la cuestión al turno abierto de preguntas que tendrá lugar al final de la sesión. Se documenta la cuestión debidamente, se plasma en uno de los murales y el grupo sabe que su cuestión no va a ser abandonada.

TOMAR UN DESCANSO

Aunque pueda sonar a anuncio de chocolatina, cuando la reunión parezca no avanzar y las discusiones se conviertan en improductivas, tómese un descanso para el café.

ANALIZAR LOS CONFLICTOS DE UNA FORMA ESTRUCTURADA

Algunas veces, la aplicación de un análisis objetivo puede ayudar a clarificar los problemas derivados de un desacuerdo y llevar a los participantes a un consenso. Se suelen utilizar técnicas que cuantifiquen el impacto de cada posición en el conflicto.

LLAMAR AL SPONSOR EJECUTIVO

Cuando no puedas resolver un problema, y estés metido hasta dentro en la sesión, es hora de llamar al sponsor ejecutivo. Sin embargo, todos los usuarios representantes de cada departamento tienen la suficiente autoridad como para tomar las decisiones concernientes a su área. Si se hace necesario llamar al sponsor ejecutivo, dará fin al problema de una manera bastante rotunda, "El formato del número de cliente será ..."

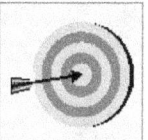

PSICOLOGIA JAD

Cuando surjan problemas entre los usuarios y el MIS, debes pasar de ser analista a ser psicólogo. Tienes que conseguir que el programador haga lo que los usuarios han pedido al MIS; si los usuarios necesitan realmente una función, es el MIS quien tiene que estudiar profundamente cómo lo van a hacer. De la misma manera, es necesario dar a conocer a los usuarios cuáles son las limitaciones de un ordenador.

COMO MANEJAR LA INDECISION

La indecision se produce, simplemente, cuando el grupo no sabe por dónde ir. En esta situación, lo mejor que se puede hacer es analizar las diferentes alternativas entre las que hay que decidir. Se ha venido utilizando, durante años, una técnica llamada **producción de decisión**, que vamos a describir muy someramente.

1. Listar todas las alternativas existentes sobre una pizarra.

2. Elaborar un listado de los criterios que nos interesan determinar sobre cada opción. Por ejemplo, si se trata de elegir entre dos modelos de coches, los criterios podrían ser: seguridad, precio, consumo, espacio, fiabilidad, color, etc. Se listan todos los criterios y para cada uno de ellos (dispuestos en filas), le hacemos corresponder una columna para cada una de las alternativas.

3. Establecer un peso para cada criterio. Este factor de peso determina la importancia relativa de cada uno de los criterios frente a los demás. Coger una puntuación de 1 a 5.

4. Evaluar los criterios para cada alternativa.

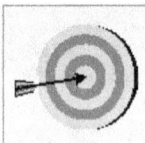

5. Determinar la puntuación total de cada criterio, multiplicando la puntuación por el peso relativo.

6. Sumar las puntuaciones para cada alternativa y así poder decidir cuál de ellas nos vale.

PARANDO LOS PIES A LOS USUARIOS DOMINANTES

El participante dominante es el que siempre habla el primero y siempre dice la última palabra. La única manera de manejar al usuario dominante es hacerlo de una manera rotunda. Hay que explicarle que hay otros puntos de vista interesantes.

ANIMANDO A LOS USUARIOS TÍMIDOS

Este es el típico usuario que va a la reunión muy bien preparado, con los lapices afilados y una carpeta con papeles. Conoce perfectamente de qué se está hablando en cada momento, tiene buenas ideas, pero es demasiado tímido como para ponerse enfrente de toda esa gente. Obviamente, necesitas su opinión, pero hay que evitar las preguntas como ¿Fulanito, qué piensas sobre esto?, sino que mejor es hacer lo siguiente, ¿Fulanito, qué proceso es utilizado para clasificar las ordenes de entrada?

BIBLIOGRAFIA

- Joint Application Design. *Jane Wood y Denise Silver*. Ed. John Wiley & Sons.

- The relation-based knowledge representation of King-Kong. *Samuel Bayer and Marc Vilain*. SIGART Bulletin Vol. 2, No. 3, pág. 15.

- Conventional and Convenient in Entity-Relationship Modeling. *Haim Kilov*. ACM SIGSOFT. SOFTWARE ENGINEERING NOTES vol. 16 no. 2, pág. 31.

- Computer-Aided vs. Manual Program Restructuring. *William G. Griswold y David Notkin*. ACM SIGSOFT. SOFTWARE ENGINEERING NOTES vol. 17 no. 1, pág. 33.

- An Approach to Software Product Testing. *Carlos Urias Muñoz*. IEEE TRANSACTIONS ON SOFTWARE ENGINEERING. VOL. 14, NO. 11, pág. 1589.

- Learning from Examples: Generation and Evaluation of Decision Trees for Software Resource Analysis. *Richard W. Selby y Adam A. Porter*. IEEE TRANSACTIONS ON SOFTWARE ENGINEERING, VOL. 14. NO. 12, pág. 1743.

- An Empirical Study of a Model for Program Error Prediction. *Muneo Takahashi y Yuji Kamayachi*. IEEE TRANSACTIONS ON SOFTWARE ENGINEERING. VOL. 15, NO. 1, pág. 82.

- Semantically Extended Data Flow Diagrams: A Formal Specification Tool. *Robert B. France*. IEEE TRANSACTIONS ON SOFTWARE ENGINEERING, VOL. 18, NO. 4, pág. 329.

www.ingramcontent.com/pod-product-compliance
Lightning Source LLC
Chambersburg PA
CBHW081047170526
45158CB00006B/1881